"十三五"国家重点图书出版规划项目

中国荞麦品种志

ZHONGGUO QIAOMAI PINZHONGZHI

任长忠　　陈庆富　主编

中国农业出版社

北　京

编著委员会

主　编　　任长忠　　陈庆富

编　委　　任长忠　　陈庆富　　赵桂琴　　付晓峰　　刘景辉　　杨　才

　　　　　金　涛　　崔　林　　赵　钢　　赵世锋　　刘彦明　　李建疆

　　　　　胡新中　　常克勤　　张永伟　　吴　斌　　王莉花　　胡跃高

　　　　　陕　方　　田长叶　　李再贵　　李荫藩　　刘根科　　朝克图

　　　　　熊仿秋　　杨再清　　吴银云　　刘延香　　雷生春　　张新忠

　　　　　常庆涛

编著者　　陈庆富　　任长忠　　陈其皎　　石桃雄　　王莉花　　崔　林

　　　　　常庆涛　　王春龙　　杨　才　　曾潮武　　梁晓东　　朝克图

　　　　　李秀莲　　呼瑞梅　　赵　钢　　杨再清　　熊仿秋　　赵世锋

　　　　　刘彦明　　李荫藩　　吴银云　　毛　春　　张清明　　樊　燕

　　　　　王艳青　　王　崴　　高欣梅　　田长叶　　梁成刚　　孟子烨

　　　　　李天亮　　左文博　　邓　蓉　　潘　凡　　李　月

前　言

　　荞麦起源于中国西南地区，经栽培驯化后向周边扩散，至今已分布到几乎所有种植有粒用作物的国家。我国是荞麦的主要栽培国和主要出口国，是荞麦起源中心和遗传多样性中心，具有最多样化的荞麦种质资源和最悠久的荞麦栽培历史。荞麦主要栽培种类有甜荞（普通荞麦）、苦荞和多年生荞麦（金荞麦复合物等）。

　　在长期的栽培历史中，人们自主或不自主地在对野生荞麦进行驯化，已经形成了大量的适应不同生态环境的地方品种。这些地方品种在荞麦生产上发挥了重要作用，至今广大荞麦产区还大量栽培着地方品种。但是随着荞麦育种工作的开展，1987—2015年间，国家级及省级审定荞麦品种累计79个，其中甜荞32个，占40.51%；苦荞47个，占59.49%。在选育方法上，甜荞主要采用系统育种，约占81.25%；诱变育种约占12.50%；杂交育种约占6.25%，其中杂种优势育种占3.13%左右，倍性育种占3.12%左右。苦荞育种也以系统选育为主（占63.83%左右），诱变选育占29.79%左右，杂交选育占6.38%左右。从品种审定时间上看，甜荞最早从1987年开始有审定品种，累计审定了32个品种，平均每年约审定1个甜荞品种；而苦荞则从1995年开始有审定品种，合计审定了47个品种，平均每年约审定2个苦荞品种。

　　近30年来，特别是最近5年来，在国家燕麦荞麦产业技术体系推动下，荞麦遗传育种取得了显著的进展，在系统育种的基础上开辟了杂交育种、远缘杂交育种、杂种优势育种，在籽粒高产育种的基础上开展了薄壳易加工品质育种、观赏荞麦育种、茶（荞麦米茶、叶茶、花茶等）专用品种培育，并在常规一年生荞麦育种基础上通过远缘杂交开辟了多年生荞麦育种。其中很多富有特色的荞麦新品种或品系，特别是一些新类型，如早熟薄壳型、观赏型、多年生类型、茶专用型等新品种（系）有待被人们了解和大面积推广应用。

　　为了更好地向广大读者、企业、合作社、专业种植户和广大农户全面地介绍中国荞麦品种的基本情况，以便有针对性地选择荞麦品种，在国家燕麦荞麦产业技术体系的支持下，我们组织有关人员对全国及省级以上审定的品种、在

目　　录

第一部分　甜　荞

第一章 甜荞审定品种

第一节 甜荞审（认）定品种（南方组）

威甜荞1号

【品种名称】威甜荞1号，原名威甜02号，品系代号威甜02-58。

【SSR指纹】0000001000 0000010010 0100000000 1100100000 0010110000 000001（564204136311809）。

【品种来源、育种方法】贵州省威宁县农业科学研究所毛春等于2003年以高原白花甜荞地方品种为材料，从混合群体中筛选优良变异单株，经多代系选而成的甜荞品种。2011年通过贵州省农作物品种审定委员会审定，审定证书编号：黔审荞2011003号。

【形态特征及农艺性状】一年生，全生育期76d，属中熟品种。株型紧凑，株高86.1cm，主茎节数8.4节，主茎分枝数2.9个；花白色，花柱异长，自交不亲和，虫媒传粉；单株粒数131.4粒，单株粒重3.7g，千粒重28.7g，籽粒棕色、较饱满（毛春等，2014）。经贵州师范大学荞麦产业技术研究中心2013年测定，千粒重为33.3g，千粒米重为26.6g，果壳率为20.28%。

【抗性特征】抗旱，抗倒伏，不易落粒。

【籽粒品质】2010年贵州师范大学荞麦产业技术研究中心测定，威甜荞1号在贵州省不同生态区蛋白质含量变异范围为14.16%～19.35%，平均为16.47%，威宁试验点的蛋白质含量显著高于其他5个试点。

【适应范围与单位面积产量】适合在贵州省除铜仁市、黔西南布依族苗族自治州外的地区种植（毛春等，2014）。2007—2008年品种比较试验，威甜荞1号平均单产为1 657.5kg/hm²，居参试品种第1，比对照品种平荞2号增产8.60%，比当地品种白花甜荞增产22.40%。2009—2010参加贵州省区域试验，两年平均产量为1 483.5kg/hm²，比对照品种增产6.90%，11点次6增5减，增产点次达54.50%。2011年在威宁县草海镇大桥民族村威宁县农业科学研究所试验地进行生产试验，平均产量为1 645.5kg/hm²，比对照品种平荞2号增产15.60%，比地方品种白花甜荞增产29.50%。

【用途】粮用、保健食品等。

威甜荞1号

A.盛花期植株　B.成熟期植株　C.盛花期主花序　D.成熟期主果枝　E.种子

（说明：图上标线尺寸统一代表30cm，全书同）

丰甜荞1号

【品种名称】丰甜荞1号。

【SSR指纹】0000001001 0000000010 0000100011 1100100000 0000010000 000101（633458537792517）。

【品种来源、育种方法】系贵州师范大学荞麦产业技术研究中心陈庆富等于2003年利用贵州沿河甜荞地方品种与从德国引进的Sobano品系在温室中进行有性杂交，经杂交后代优良单株混合选择，于2007年杂交选育而成的甜荞新品种。2011年通过贵州省农作物品种审定委员会审定，审定证书编号：黔审荞2011004号。

【形态特征及农艺性状】全生育期74d，属中早熟品种。株高99～110cm，主茎分枝数为2～4个，株型紧凑；花序紧密呈簇，花白色，花柱异长，自交不亲和，虫媒传粉；主茎基部空心坚实，主茎呈暗红色或绿色；籽粒黑色，光滑，棱尖，无沟槽，无刺，无翅，不落粒，结实率20.6%，千粒重38.0g，平均单株粒数130粒，单株粒重6.1g。经贵州师范大学荞麦产业技术研究中心2013年测定，千粒重为32.8g，千粒米重为25.0g，果壳率为23.76%。2011年内蒙古民族大学农学院和内蒙古赤峰市农牧科学研究院资源与环境研究所引种试验表明，丰甜荞1号全生育期80d，属中熟品种；株高137.3cm，主茎节数15节，主茎分枝数5个，茎粗8.5mm；单株粒数73粒，单株粒重2.1g，千粒重29.8g，籽粒杂粒率7.00%，种子黑色（唐超等，2014）。2011年甘肃省定西市旱作农业科研推广中心在定西的引种试验表明，丰甜荞1号全生育期91d，属晚熟品种；株高62.0cm，主茎分枝数3.7个，主茎节数9.3节；单株粒数52.3粒，单株粒重1.6g，千粒重29.6g，结实率18.33%（马宁等，2012）。2011年赤峰市甜荞品种比较试验表明，丰甜荞1号全生育期92d，属晚熟品种；株高136cm，主茎分枝数7个，主茎节数15节；籽粒黑色，单株粒数155粒，单株粒重5.1g，千粒重32.6g（李晓宇，2014）。2011年山西省农业科学院高寒区作物研究所引种试验表明，丰甜1号全生育期98d，属中熟品种；株高114cm，主茎节数15.3节，主茎分枝数3.7个；籽粒黑褐色，单株粒数128.7粒，单株粒重3.6g，千粒重27.8g（赵萍和康胜，2014）。2012年内蒙古赤峰市农牧科学研究院梁上试验地进行引种试验，丰甜荞1号全生育期91d，属晚熟品种；株高136.7cm，主茎分枝数5个，主茎节数13节；种子黑色，单株粒数190粒，千粒重28.7g，单株粒重2.7g（刘迎春等，2013a；刘迎春等，2014）。西藏引种试验表明，丰甜1号全生育期75d，属中早熟品种；株高116.3cm，主茎分枝数3.1个，主茎节数10.9个；籽粒黑色，三角形，单株粒重7.8g，千粒重32.3g（边巴卓玛，2014）。

【抗性特征】较抗病虫害，抗旱性和抗倒伏性较强。2011年内蒙古民族大学农学院和内蒙古赤峰市农牧科学研究院资源与环境研究所引种试验表明，丰甜荞1号倒伏面积35.00%，属中等倒伏；立枯病普遍率1.56%，蚜虫发生率11.47%（唐超等，2014）。

【籽粒品质】贵州师范大学荞麦产业技术研究中心测定，丰甜荞1号籽粒的蛋白质含量为18.00%，黄酮含量为0.11%，可溶性蛋白含量为42.38mg/g；可溶性总糖含量为5.04%，还原糖含量为1.10%，总淀粉含量为64.83%，直链淀粉含量为17.59%，支链淀粉含量为47.24%；籽粒的持水力95.90%；籽粒的膨胀力1.70mL/g（黄凯丰、宋毓雪，2011）。2010年贵州师范大学荞麦产业技术研究中心测定，在贵州省6个试点中，丰甜荞1号的蛋白质含量变异幅度为14.98%～20.96%，平均值为17.99%，威宁和毕节试点的蛋白质含量显著高于其他4个试点（时政等，2011c）。2011年贵州师范大学荞麦产业技术研究中心测定，丰甜荞1号在全国19个试点总膳食纤维（TDF）平均含量为21.83%，非水溶性膳食纤维（NSDF）平均含量为15.20%，水溶性膳食纤维（WSDF）平均含量为6.63%（李月等，2013b）。2012年贵州师范大学荞麦产业技术研究中心、四川农业大学测定，丰甜荞1号植株叶片自由基清除率40.91%，多糖含量为1.06mg/g，维生素E含量为0.07mg/g，多酚含量为0.97mg/g，黄酮含

丰甜荞1号

A.盛花期植株 B.成熟期植株 C.盛花期主花序 D.成熟期主果枝 E.种子

量为66.32mg/g，维生素C含量为2.09mg/g（李光等，2013）。丰甜荞1号麦芽经液态发酵酿造的荞麦酒，其总黄酮含量可达为268.97μg/mL（尉杰等，2014）。

【适应范围与单位面积产量】适合在贵州省荞麦产区种植。2009年省区域试验平均产量为1 659.0kg/hm²，比对照增产28.90%；2010年省区域试验平均产量为1 726.5kg/hm²，比对照增产16.10%；两年平均产量为1 693.5kg/hm²，比对照增产22.05%，11点次10增1减，增产点数占总试验点数的90.9%。2011—2013年参加全国荞麦品种展示试验，3年平均产量为1 358.2kg/hm²，比参试甜荞平均产量增产9.67%。该品种较适宜种植的省、自治区为：陕西、青海、宁夏、贵州、江苏、山西、内蒙古、云南、西藏。

【用途】粮用（荞米、荞粉、荞面等）、保健食品、酿酒等。

贵甜荞1号

【品种名称】贵甜荞1号。

【SSR指纹】未检测。

【品种来源、育种方法】系贵州师范大学荞麦产业技术研究中心和吉林省白城市农业科学院联合选育。贵州师范大学荞麦产业技术研究中心陈庆富于2006年选择丰甜荞1号长花

贵甜荞1号

A.盛花期植株　B.成熟期植株　C.盛花期主花序　D.成熟期主果枝　E.种子

（图A—E来自白城市农业科学院王春龙）

柱短雄蕊型植株（母本）与花柱同长的自交系纯甜21（父本）进行有性杂交，经后代选择花柱同长优良植株进行多代混合选育。2012年吉林省白城市农业科学院引进种白城，进一步进行品种适应性试验，选择早熟、植株繁茂、结实率高、抗倒伏的单株进行混合选育，从而形成适应吉林省西部地区的新品种"贵甜荞1号"，并于2015年通过吉林省农作物品种审定委员会审定，审定证书编号：吉登荞麦2015002号。

【形态特征及农艺性状】经吉林省白城市农业科学院试验考察，全生育期85d左右，属中熟品种。株高130～150cm，主茎分枝数为4～5个，平均节数为15.7节，株型紧凑。花序紧密呈簇，花白色，多数植株花朵花柱异长，自交不亲和，虫媒传粉，少数植株花朵花柱同长，自交可育。主茎基部空心坚实，主茎呈暗红色。籽粒褐色，光滑，无沟槽，无刺，无翅。不落粒，平均单株粒数为135粒，单株粒重7.8g，千粒重32.0g。

【抗性特征】较抗病虫害，抗旱性、抗倒伏性较强。在白城市农业科学院试验田、白城洮河农场试验田和白城镇南种羊场试验田的试验表明，贵甜荞1号倒伏面积分别为20.00%、20.00%和25.00%，属中等倒伏，立枯病普遍率为2.30%，蚜虫发生率为11.30%。

【籽粒品质】贵州省理化研究院测定：贵甜荞1号籽粒的蛋白质含量为13.30%，黄酮含量为0.11%。

【适应范围与单位面积产量】适合在吉林省西部地区种植。2012年参加吉林省区域试验平均产量为1 043.7kg/hm²，比对照增产16.44%；2013年参加省区域试验平均产量为1 174.0kg/hm²，比对照增产15.89%；两年平均产量为1 108.8kg/hm²，比对照增产16.15%。

【用途】粮用（荞米、荞粉、荞面等）、保健食品等。

贵甜荞2号

【品种名称】贵甜荞2号。

【SSR指纹】未检测。

【品种来源、育种方法】贵州师范大学荞麦产业技术研究中心陈庆富于2002年以花柱同长自交可育野生落粒性甜荞HOMO与德国品系Sobano进行杂交，从杂交后代中选育出不落粒类型纯系甜自21号。2007年用甜自21号（小粒，自交可育，花柱同长，结实率高）与丰甜荞1号（大粒，花柱异长，自交不亲和虫媒传粉，结实率中等）进行杂交，从其F₂～F₄代连续通过优良单株混合选择。F₄代开始对其进行混合选择，选择较大粒混合播种，淘汰劣株，选留高结实率株，至F₆代群体植株基本整齐，粒色无分离，籽粒大小较一致，即形成新品种贵甜荞2号，并于2015年通过贵州省农作物品种审定委员会审定，证书编号：黔审荞2015001号。

【形态特征及农艺性状】经贵州师范大学荞麦产业技术研究中心柏杨村试验站考察，全生育期平均69d，属早熟品种，比对照平荞2号早熟2d；秆绿色，较粗壮，植株高

贵甜荞2号

A.盛花期植株　B.成熟期植株　C.盛花期主花序　D.成熟期主果枝　E.种子

61～102cm，平均80.2cm；主茎分枝数3～5个；白花，花较大；该品种群体含有长花柱短雄蕊型自交不亲和、短花柱长雄蕊型自交不亲和、花柱同长型自交可育三种类型的植株；种子黑色，钝粒，较大，千粒重平均27.3g；株粒数平均为119.4粒，单株粒重2～7g，出米率73.50%，果壳率26.50%。

【抗性特征】较抗病虫害，抗旱性和抗倒伏性较强。

【籽粒品质】经贵州师范大学荞麦产业技术研究中心测定，米粒蛋白质含量平均为13.46%，黄酮含量平均为0.40%。

【适应范围和单位面积产量】适合在贵州省荞麦产区种植。贵州省2012—2013年的荞麦区试结果显示，贵甜荞2号2012年平均产量为1 140.1kg/hm²，比对照增产3.63%，6试点3增3减，产量居第2；2013年平均产量为1 295.7kg/hm²，比对照平荞2号增产30.95%，

7试点5增2减，增产点数占总试点数的71.40%，产量居第1。两年13点次平均产量为1 233.9kg/hm²，比对照增产14.78%，增产点数占总试点数的61.50%。

【用途】粮用（荞米、荞粉、荞面等）、保健食品等。

酉荞2号

【品种名称】酉荞2号。

【SSR指纹】未检测。

【品种来源、育种方法】系重庆市农业学校2007年从重庆市忠县磨子乡地方材料中选择的变异单株，按照集团系谱法选育出的甜荞新品种。2013年通过重庆市农作物品种审定委员会鉴定，鉴定证书编号：渝品审鉴2014001号。

【形态特征及农艺性状】一年生，全生育期80～90d，属中晚熟甜荞品种；株高100～110cm，株型较散，主茎分枝数4～6个，主茎节数16节左右。花白色，花柱异长，自交不亲和，虫媒传粉。粒粒灰色，粒菱形，千粒重25.0～26.0g，籽粒出粉率63.70%。

【抗性特征】抗旱性、抗倒伏性好，落粒轻，抗病性较好。

【籽粒品质】重庆市农业学校测定，籽粒蛋白质含量为9.21%，黄酮含量为0.24%，膳食纤维含量为1.22%，脂肪含量为1.51%，碳水化合物含量为69.22%。

【适应范围与单位面积产量】适合重庆荞麦生产区域种植。2012年参加重庆区域试验，平均产量为1 504.5kg/hm²，较对照酉阳甜荞增产32.10%；2013年区域试验，平均产量为

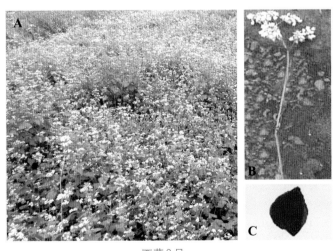

酉荞2号

A.盛花期植株群体　B.盛花期主花序　C.单籽粒

（图A—C来自重庆农业学校樊燕）

1 862.7kg/hm²，较对照酉阳甜荞增产53.50%。两年区试平均产量达1 683.7kg/hm²，居第1，较对照酉阳甜荞增产43.10%，增产极显著。参加生产试验平均产量为1 909.0kg/hm²，较对照酉阳甜荞增产15.00%。

【用途】粮用（荞米、荞粉、荞面等）、保健食品、观赏荞麦等。

苏荞1号

【品种名称】苏荞1号。

品种来源、产量表现：江苏省泰州市旱地作物研究所常庆涛等自1999年开始从泰兴地区甜荞地方品种泰兴荞麦中进行多次混合选择，于2010年系统选育而成。

【形态特征及农艺性状】经泰州市旱地作物研究所本部试点调查，苏荞1号全生育期67d，属中早熟品种。株高90～105cm，主茎分枝数4～5个，株型紧凑。花序紧密呈簇，花白色，花柱异长，自交不亲和，虫媒传粉。主茎基部空心坚实。籽粒褐色，光滑，棱尖，无沟槽，无刺，无翅；不落粒，千粒重18.1g，平均单株粒数为108粒，单株粒重1.8g。

【抗性特征】抗病虫害，耐涝性强，抗旱性、抗倒伏性较强。2014年参加江苏省荞麦新品种鉴定试验表明：轻微倒伏，倒伏面积4.00%，抗立枯病。

苏荞1号

A.盛花期植株　B.盛花期主花序　C.种子

（图A—C来自泰州市旱地作物研究所常庆涛）

【籽粒品质】2014年贵州省流通环节食品安全检验中心测定，籽粒蛋白质含量为12.60%，黄酮含量为0.14%。

【适应范围与单位面积产量】适宜在江苏省、安徽省荞麦产区种植。2014年参加江苏省荞麦新品种鉴定试验，在全省不同地区6个试点平均产量为1 668.0kg/hm²，比对照增产21.40%，名列参试品种第1。

【用途】荞麦面粉、荞麦米、荞麦酒、荞麦枕头等。

苏荞2号

【品种名称】苏荞2号。

【品种来源】江苏省泰州市旱地作物研究所常庆涛和贵州师范大学荞麦产业技术研究中心陈庆富等，于2013年利用杂交育种方法培育而成。杂交亲本为威甜1号（花柱异长、自交不亲和虫媒传粉，母本）×纯甜4202（花柱同长、自交可育品系，父本）。贵州师范大学荞麦产业技术研究中心陈庆富于2009年进行有性杂交，杂种F_1植株均表现花柱同长自交可育，但是有些植株落粒、有些植株不落粒。选择表现不落粒的杂种植株连续自交获得F_4代，选择优株混收。2012年提供给江苏省泰州市旱地作物研究所常庆涛作适应性试验和进一步选育。2013年在江苏泰兴栽培发现性状良好基本稳定。2014年提交江苏省区试，命名为苏荞2号。

苏荞2号

A.盛花期植株　B.盛花期主花序　C.种子

（图A—C来自泰州市旱地作物研究所常庆涛）

【形态特征及农艺性状】经泰州市旱地作物研究所本部试点调查，全生育期64d，属早熟品种。株高70～85cm，主茎分枝数2～4个，株型紧凑，花序紧密呈簇，花白色，花柱同长，自交可育，虫媒传粉或自花授粉。主茎基部空心坚实。籽粒黑色，光滑，棱尖，无沟槽，无刺，无翅；不落粒，千粒重29.0g，平均单株粒数为64粒，单株粒重1.9g。

【抗性特征】较抗病虫害，耐涝性较强，抗旱性、抗倒伏性强。2014年江苏省荞麦新品种鉴定试验表明：轻微倒伏，倒伏面积2.00%，较抗立枯病，立枯病发病株率3.00%。

【籽粒品质】2014年经贵州省流通环节食品安全检验中心测定：籽粒蛋白质含量为13.00%，黄酮含量为0.12%。

【适应范围与单位面积产量】适合在江苏省、贵州省荞麦产区种植。2014年参加江苏省荞麦新品种鉴定试验，在全省不同地区6个试点平均产量为1 582.5kg/hm²，比对照增产15.20%，居参试品种第2。

【用途】荞麦面粉、荞麦米、荞麦酒、荞麦枕头等。

第二节　甜荞审（认）定品种（北方组）

吉荞10号

【品种名称】吉荞10号。

【SSR指纹】0000001001 0100010011 1110111011 0100101100 1011110101 101101 (652280662375789)。

【品种来源、育种方法】吉林农业大学于万利等于1985年以地方品种白城荞麦混杂复合群体为材料，通过多次混合选择选育出的优良甜荞品种。1995年通过吉林省农作物品种审定委员会审定并命名。

【形态特征及农艺性状】全生育期82d，属中熟品种。株高130.5cm，株型紧凑，主茎分枝数4～5个，幼茎淡绿色，叶大、淡绿色；花白色，花柱异长，自交不亲和，虫媒传粉；籽粒深褐色，三角形，无棱翅。单株粒重4.5g，千粒重28.5g（于万利等，1995；韩立军等，1997；李生望，1998）。云南省富源县引种试验表明，吉荞10号全生育期73d，属早熟品种。株高55.1cm，主茎平均4.4节，主茎分枝数1.2个，株型紧凑；茎秆绿色，花白色，籽粒黑褐色；单株粒重0.44g，千粒重25.0g（王祖勇，2006）。贵州师范大学荞麦产业技术研究中心柏杨试验基地测定，吉荞10号平均千粒重为34.5g，千粒米重为27.4g，果壳率为20.73%。

【抗性特征】抗倒伏，耐瘠薄，抗旱，抗病，落粒轻，适应性强，抗寒性极弱（王祖勇，2006）。

吉荞10号

A.盛花期植株　B.成熟期植株　C.盛花期主花序　D.成熟期主果枝　E.种子

【籽粒品质】吉林农业大学测定，籽粒的粗蛋白质含量为13.93%，粗淀粉含量为
61.51%，赖氨酸含量为0.69%（于万利等，1995；李生望，1998）。2010年山西省农业科学
院小杂粮研究中心测定，每100g吉荞10号干种子的硒含量为37.51μg（李秀莲等，2011a）。

【适应范围与单位面积产量】适宜在吉林省中西部及其他荞麦产区种植。1988—
1989年在吉林农业大学试验站进行产量比较试验，两年平均产量为1 512.2kg/hm²，比
对照品种白城荞麦增产32.49%。1992—1994年参加吉林省荞麦区域试验，3年平均产量
为1 450.7kg/hm²，比对照品种白城荞麦增产22.16%。1993—1994年参加吉林省荞麦生产
示范试验，2年平均产量为1 188.0kg/hm²，比对照品种白城荞麦增产20.34%（李生望，
1998）。云南省富源县引种试验表明，吉荞10号折合产量为1 531.0kg/hm²，比对照品种增产
40kg/hm²，居参试品种本地甜荞第4（王祖勇，2006）。

【用途】粮用、保健食品等。

白（甜）荞1号

【品种名称】白（甜）荞1号。

【品种来源、育种方法】吉林省白城市农业科学院与贵州师范大学联合选育。通过对白城地区甜荞农家品种进行早熟单株选择，从中选出植株繁茂、茎秆较粗壮，籽粒褐花粒、

白（甜）荞1号

A.盛花期植株　B.成熟期植株　C.盛花期主花序　D.成熟期主果枝　E.种子

（图A—E来自白城市农业科学院王春龙）

钝粒，自然结实率较好的单株经混合选育而成，育成代号为 F2007BZ-15。2015年通过吉林省农作物品种审定委员会审定，审定证书编号：吉登荞麦2015001号。

【形态特征及农艺性状】经吉林省白城市农业科学院试验考察，全生育期75d左右，属中早熟品种。株高75～90cm，主茎分枝数2～3个，株型紧凑；主茎基部空心坚实，暗红色；花序紧密呈簇，花白色，花柱异长，自交不亲和，虫媒传粉。籽粒褐色，光滑，无沟槽，无刺，无翅；不落粒，千粒重30.65g，平均单株粒数为90粒，单株粒重5.3g。

【抗性特征】较抗病虫害，抗旱性、抗倒伏性较强。白城市农业科学院试验田、白城洮河农场试验田和白城镇南种羊场试验田试种表明，白（甜）荞1号倒伏面积分别为30.0%、35.0%和40.0%，属中等倒伏，立枯病普遍率为5.8%，蚜虫、红蜘蛛发生率分别为10.7%和9.3%。

【籽粒品质】贵州省理化研究院测定，白（甜）荞1号籽粒的蛋白质含量为12.70%，黄酮含量为0.08%。

【适应范围与单位面积产量】适合在吉林省西部地区种植。2012年参加吉林省区域试验平均产量为985.0kg/hm²，比对照增产9.89%；2013年省区域试验平均产量为1 125.0kg/hm²，比对照增产11.06%；两年平均产量为1 055.0kg/hm²，比对照增产10.51%。

【用途】粮用（荞米、荞粉、荞面等）、保健食品等。

白（甜）荞2号

【品种名称】白（甜）荞2号

【品种来源、育种方法】吉林省白城市农业科学院于2008年以日本甜荞为母本与当地早熟甜荞为父本进行杂交，选择早熟、植株繁茂、单株花序数多的后代进行单株混合选育而成，育成代号为F2008BQ-5。

【形态特征及农艺性状】经吉林省白城市农业科学院试验观察，全生育期78d左右，属中早熟品种。株高75～110cm，主茎分枝数3～4个，主茎节数18.2节，单株花序数63个，主茎基部空心坚实、暗红色，株型紧凑；花序紧密呈簇，花白色，花柱异长，自交不亲和，虫媒传粉。籽粒黑色，短棱锥，光滑，无沟槽，无刺，无翅，不易落粒，千粒重26.15g。

【抗性特征】较抗病虫害，抗旱性、抗倒伏性较强。白城市农业科学院试验田、白城洮河农场试验田和白城镇南种羊场试验田试种表明，白（甜）荞2号倒伏面积分别为25.0%、31.0%和26.0%，属中等倒伏，蚜虫、红蜘蛛发生率分别为10.7%和9.3%。

【籽粒品质】贵州省理化研究院测定：白（甜）荞2号籽粒的蛋白质含量为14.6%，黄酮含量为0.3%。

【适应范围与单位面积产量】适合在吉林省西部地区种植。2013年参加吉林省区域试验平均产量为1 167.0kg/hm²，比对照增产11.5%；2014年省区域试验平均产量为

白（甜）荞2号

A.盛花期植株　B.成熟期植株　C.盛花期主花序　D.成熟期主果枝　E.种子
（图A—E来自白城市农业科学院王春龙）

1 229.3kg/hm²，比对照增产10.25%；两年平均产量为1 198.17kg/hm²，比对照增产10.9%。

【用途】粮用（荞米、荞粉、荞面等）、保健食品等。

茶色黎麻道

【品种名称】茶色黎麻道。

【SSR指纹】0111001001 0100110010 0000100011 0100100100 1001010000 000111（32179546617058311）。

【品种来源、育种方法】内蒙古农牧业科学院作物研究所王仲青等于1979年以河北省丰宁县引进的农家种黎麻道为材料，从中选择大粒、褐色籽粒的单株进行混合收获，后经多年田间去杂、混合选择和人工粒选而成。1987年通过内蒙古农作物品种审定委员会审定，命名为茶色黎麻道，审定证书编号：种审证字第077号。

【**形态特征及农艺性状**】品种鉴定资料表明，茶色黎麻道全生育期75d，属中晚熟品种。幼苗绿色，茎秆紫红色。株高70cm左右，株型紧凑，分枝力强，主茎一级分枝数3.2个；花粉白色，花柱异长，自交不亲和，虫媒传粉；籽粒整齐，茶褐色，三棱形，棱翅较宽，异色率1.0%～3.0%；千粒重30.0～32.0g，果壳率18.2%，易脱壳，出米率75.0%左右（王仲青等，1992）。山西省农业科学院作物科学研究所栽培试验表明，茶色黎麻道全生育期59d，属早熟品种。株高78cm，主茎分枝数3.5个，主茎节数14.1节；单株花簇数64.6个，结实率15.10%，单株粒重6.2g，千粒重29.9g（张春明等，2011b）。贵州师范大学荞麦产业技术研究中心2013年柏杨试验基地测试表明，该品种平均千粒重为30.2g。

【**抗性特征**】抗旱、抗倒伏、抗病虫，耐瘠薄，落粒性中等。

茶色黎麻道
A.盛花期植株　B.成熟期植株　C.盛花期主花序　D.成熟期主果枝　E.种子

【籽粒品质】品种鉴定结果表明，茶色黎麻道籽粒的粗蛋白含量为10.66%，粗脂肪含量为2.59%，淀粉含量为54.60%，赖氨酸含量为0.59%（王仲青等，1992）。杨志清（2009）测定，采集自武川县的茶色黎麻道种子芦丁含量为0.14%、蛋白质含量为9.01%、维生素C含量为0.33μg/g，荞麦芽最高芦丁含量为1.98%、蛋白质含量为30.13%、维生素C含量为21.32μg/g。郑君君等（2009）测定，茶色黎麻道荞麦面粉水分含量为13.88%，灰分含量为1.79%、心粉粗蛋白含量为11.30%、皮粉粗蛋白含量为23.60%，粗纤维含量为0.52%，心粉淀粉含量为43.22%、皮粉淀粉含量为71.32%，直链淀粉含量为23.50%，总黄酮含量为0.41%，出粉率69.70%。山西省农业科学院小杂粮研究中心测定，茶色黎麻道每100g干种子的硒含量为41.56μg（李秀莲等，2011a）。徐笑宇等（2015）测定，茶色黎麻道籽粒黄酮含量为7.23mg/g。

【适应范围与单位面积产量】适合在内蒙古≥10℃年积温2 000～2 700℃的旱区、河北省张家口坝上地区、山西雁北地区、新疆乌鲁木齐等荞麦产区的旱地种植。1982—1984年参加内蒙古西部荞麦品种区域试验，3年14点的平均产量为1 101.0kg/hm²，比对照品种（当地主栽农家品种）增产9.4%，增产点比例84.60%，居7个参试品种第2；1984—1985年参加内蒙古西部生产示范，两年3点次全部增产，平均产量为1 171.5kg/hm²，比对照种增产13.20%；1986—1987年在内蒙古全区生产示范，两年10个点次的平均产量为1 186.5kg/hm²，比对照种增产1.45%，增产点比例70.0%；1988年内蒙古自治区武川县示范种植，平均产量为1 500.0kg/hm²，最高达2 380.5kg/hm²，比当地农家种平均增产30.0%（王仲青等，1992）。

【用途】粮用、饲用等。

北 早 生

【品种名称】北早生。

【SSR指纹】0000101001 0000010010 0000100011 1100100100 1000010001 101001（2886357863400553）。

【品种来源、育种方法】系从日本引进的普通甜荞品种。

【形态特征及农艺性状】引种试验表明，北早生为一年生，全生育期68～84d，属中早熟品种。株高140cm，主茎分枝数5～7个，主茎节数14～16节，茎粗8.5mm；花白色，花柱异长，自交不亲和，虫媒传粉；籽粒深褐色，单株粒数141粒，单株粒重4.4g，千粒重31.1g，杂粒率4.0%。1999—2001年的品比试验表明，北早生全生育期65d，属早熟品种。株高100cm，主茎节数10.9节，主茎分枝数3.3个，单株粒重4.3g，千粒重29.5g（张春明等，2011a）。王健胜（2005）农艺性状统计表明，北早生全生育期68d，属早熟品种。株高75.4cm，主茎分枝数3个，主茎节数8.4节，单株粒重2.7g，千粒重29.5g。2011年内蒙古民族大学农学院和内蒙古赤峰市农牧科学研究院资源与环境研究所引种试验表明，北早生全生育期78d，属中早熟品种。株高149.3cm，主茎节数14节，主茎分枝数5个，茎粗

8.5mm，单株粒重3.0g，单株粒数102粒，千粒重28.6g，籽粒杂粒率4.0%，籽粒褐色（唐超等，2014）。2011年甘肃省定西市旱作农业科研推广中心引种试验表明，北早生全生育期75d，属早熟品种。株高60.0cm，主茎分枝数3.2个，主茎节数8.7节，单株粒数37.5粒，单株粒重1.1g，千粒重28.2g，结实率17.9%（马宁等，2012）。2011年山西省农业科学院高寒区作物研究所引种试验表明，北早生全生育期88d，属中熟品种。株高102cm，主茎节数12.3节，一级分枝数4个；籽粒褐色，单株粒数131.2粒，单株粒重3.7g，千粒重27.7g（赵萍、康胜，2014）。山西省农业科学院作物科学研究所栽培试验表明，北早生全生育期64d，属早熟品种。株高80.6cm，主茎分枝数3.3个，主茎节数13.1节；单株花簇数31.8个，结实率32.8%，单株粒重5.2g，千粒重30.1g（张春明等，2011b）。贵州师范大学荞麦产业技术研究中心2013年测定，北早生千粒重为34.0g，千粒米重为26.8g，果壳率为21.16%。赤峰

北早生

A.盛花期植株　B.成熟期植株　C.盛花期主花序　D.成熟期主果枝　E.种子

市农牧科学研究院播期试验表明，最高产条件下，北早生全生育期83d，属中熟品种。株高132.5cm，茎粗6.0cm，主茎分枝数4.3个，千粒重27.4g，结实率23.5%（王欣欣等，2014）。

【抗性特征】抗病性强，较抗倒伏，抗虫性较强。2011年内蒙古民族大学农学院和内蒙古赤峰市农牧科学研究院资源与环境研究所引种试验表明，北早生倒伏面积15.0%，属轻微倒伏；立枯病普遍率0.55%，蚜虫发生率3.76%（唐超等，2014）。

【籽粒品质】浙江大学农业与生物技术学院测定，北早生籽粒的芦丁含量为0.013%，清蛋白含量为5.01%，球蛋白含量为0.77%，醇溶蛋白含量为0.23%，谷蛋白含量为1.44%，总蛋白含量为10.81%（文平，2006）。2011年贵州师范大学荞麦产业技术研究中心测定，北早生在全国19个试点总膳食纤维（TDF）平均含量为18.87%，非水溶性膳食纤维（NSDF）平均含量为14.65%，水溶性膳食纤维（WSDF）平均含量为3.98%（李月等，2013b）。贵州省六盘水师范高等专科学校测定，北早生籽粒的黄酮含量为9.39mg/g，三叶期全株的黄酮含量为43.99mg/g，初花期根、茎、叶的黄酮含量依次为34.84mg/g、14.29mg/g、86.99mg/g，盛花期根、茎、叶的黄酮含量依次为36.15mg/g、11.88mg/g、93.11mg/g（李红宁等，2007）。徐笑宇等（2015）测定，北早生籽粒黄酮含量为6.05mg/g。

【适应范围与单位面积产量】1999—2001年山西省荞麦品比试验表明，北早生平均产量为780.4kg/hm²，居参试品种第7，比对照品系83-230减产159.9kg/hm²（张春明等，2011a）。2011年甘肃省定西市旱作农业科研推广中心引种试验表明，北早生平均产量为1 013.3kg/hm²，比对照品种定甜荞1号减产31.10%，居参试甜荞品种第9（马宁等，2012）。2011年参加内蒙古自治区赤峰市甜荞品种比较试验，北早生平均产量为1 800.1kg/hm²，位列9个参选甜荞品种的第4。2011年内蒙古民族大学农学院和内蒙古赤峰市农牧科学研究院资源与环境研究所引种试验表明，北早生平均产量为2 225.0kg/hm²，居参试品种第2，比对照品种高家梁甜荞减产8.12%（唐超等，2014）。2013年参加山西省右玉县甜荞引种试验，北早生平均产量为1 050.0kg/hm²，位列参试品种第5，比对照品种晋荞麦（甜）3号减产10.30%（程树萍，2014）。2011年参加全国荞麦品种展示试验的平均产量为1 209.0kg/hm²，比参试各点甜荞品种平均产量增产6.12%。该品种较适宜种植的省份为陕西（2 611.9kg/hm²）、宁夏（1 806.0kg/hm²）、河北（1 432.8kg/hm²）、内蒙古（1 432.8kg/hm²）、新疆（1 283.6kg/hm²）、青海（1 223.9kg/hm²）。

【用途】粮用、菜用。

日本大粒荞

【品种名称】日本大粒荞。

【SSR指纹】0110001001 0100100010 0000100011 1100100000 0010110010 000101（27674847511325829）。

【品种来源、育种方法】日本北海道农业技术试验场培育的甜荞品种，由中国科学院

1990年引入内蒙古部分地区进行试种。

【形态特征及农艺性状】引种试验表明，日本大粒荞全生育期70d左右，属中早熟品种。株高89～116cm，株型松散，茎粗；苗期长势好，茎叶浓绿，叶片肥大，光合作用强，开花较早，主茎分枝数3.4个，主茎节数7.7节；花白色，花柱异长，自交不亲和，虫媒传粉；熟后不易落粒，籽粒三棱形、深褐色，千粒重31.0g，单株粒重1.8g。王健胜（2005）农艺性状统计表明，日本大粒荞全生育期76d，属中熟品种。株高72.5cm，主茎分枝数4.4个，主茎节数10.2节，单株粒重5.1g，千粒重29.6g。第六轮国家甜荞品种区域试验鄂尔多斯试点测试表明，日本大粒荞全生育期82d，属中熟品种。株高50.8cm，主茎分枝数3.5个，主茎节数10.5节，单株粒重2.1g，千粒重28.6g（王永亮，2003）。2007年宁夏固原市农业科学研究所在所头营科研基地进行引种试验，全生育期为83d，属中熟品种。株型松散，株高

日本大粒荞

A.盛花期植株　B.成熟期植株　C.盛花期主花序　D.成熟期主果枝　E.种子

55.0cm，主茎分枝数3个，主茎节数9节，千粒重31.0g（杜燕萍等，2008）。贵州师范大学荞麦产业技术研究中心2013年测定，日本大粒荞千粒重为32.0g，千粒米重为25.5g，果壳率为20.3%（杜燕萍等，2008）。

【抗性特征】抗旱性差，抗倒伏性中等，抗病，耐瘠薄。

【籽粒品质】2006年经肇庆学院测定，日本大粒荞籽粒总蛋白质含量为（58.75±2.46）mg/g，其中清蛋白含量为（41.29±1.67）mg/g，球蛋白含量为（6.60±0.38）mg/g，醇溶蛋白含量为（3.09±0.18）mg/g，谷蛋白含量为（7.77±0.23）mg/g（刘拥海等，2006）。杨志清（2009）测定，采自通辽市的日本大粒等种子芦丁含量为0.214%，蛋白质含量为14.30%，维生素C含量为0.36μg/g，荞麦芽最高芦丁含量为2.30%、蛋白质含量为28.02%、维生素C含量为23.18μg/g；采自固阳县的日本大粒荞种子芦丁含量为0.17%、蛋白质含量为15.76%、维生素C含量为0.2846μg/g，荞麦芽最高芦丁含量为1.76%、蛋白质含量为21.89%、维生素C含量为20.15μg/g。

【适应范围与单位面积产量】适合在内蒙古荞麦产区推广种植。1995年安塞县作为引种对照，平均产量为624.8kg/hm²（张晓燕等，1999）。1998—1999年在内蒙古鄂尔多斯生态研究站高效农作物区试种（伊旗部分地区同时试种），两年平均产量为2 191.5kg/hm²，与当地品种小红花平均产量相比，增产100.80%。2000—2002年参加第6轮国家甜荞品种区域试验鄂尔多斯试点，3年平均产量为1 440.0kg/hm²，比对照品种平荞2号增产10.80%，居参试品种第2（王永亮，2003）。2007年参加宁夏固原市农业科学研究所在所头营科研基地川旱地引种试验，日本大粒荞平均折合产量为520.0kg/hm²，比对照品种宁荞1号减产17.46%，居参试品种第7（杜燕萍等，2008）。2010年参加内蒙古武川旱作试验站的品比试验，日本大粒荞折合平均产量为1 387.8kg/hm²，比对照品种增产209.10%，居参试品种第1。

【用途】加工荞粉、保健食品等。

蒙-87

【品种名称】蒙-87。

【SSR指纹】0110101001 0100110010 0000100011 0100100100 1001010000 100101（29927746803373093）。

【品种来源、育种方法】内蒙古自治区农牧业科学研究院于1987年以内蒙古地方农家品种小棱荞麦为材料，从混合群体中筛选出优良变异单株，经定向选择育成的甜荞品种。2002年通过内蒙古自治区农作物品种审定委员会认定，品种认定证书编号：蒙认荞2002001号。

【形态特征及农艺性状】品种审定资料表明，蒙-87全生育期86d，属中熟品种。株高86.3cm左右，主茎分枝数3.8个，主茎节数10.6节；花粉红色，花柱异长，自交不亲和，虫媒传粉；单株粒重1.2g，千粒重30.0～33.0g；籽粒三棱形，褐色；果壳率低，经济性状和产量性状较好（段志龙、王常军，2012）。第六轮国家甜荞品种区域试验鄂尔多斯试点测试表明，蒙-87全生育期76d，属中熟品种。株高44.2cm，主茎分枝数3.5个，主茎节数10.1节，单株粒重1.9g，千粒重29.4g（王永亮，2003）。王健胜（2005）农艺性状统计表明，蒙-87全生育期76d，属中熟品种。株高78cm，主茎分枝数4.1个，主茎节数10.7节，单株粒重3.9g，千粒重29.2g。贵州师范大学荞麦产业技术研究中心2013年测定，蒙-87千粒重为29.5g，千粒米重为23.0g，果壳率为22.21%。

【抗性特征】抗倒伏，抗旱，抗病，适应性强。

【籽粒品质】浙江大学农业与生物技术学院测定，蒙-87籽粒的芦丁含量为0.026%，清蛋白含量为1.58%，球蛋白含量为0.54%，醇溶蛋白含量为0.18%，谷蛋白含量为1.14%，总蛋白含量为6.80%（文平，2006）。2007年经西北农林科技大学测定，蒙-87在陕西榆林、甘肃定西、四川昭觉试点的籽粒黄酮含量存在差异，3个试点的平均含量为0.40%。

蒙-87

A.盛花期植株　B.成熟期植株　C.盛花期主花序　D.成熟期主果枝　E.种子

【适应范围与单位面积产量】适合在内蒙古≥10℃有效积温1 600℃以上的地区种植。在内蒙古鄂尔多斯市准格尔、东胜等地与当地农家品种和黎麻道进行对比试验，平均产量为1 008.0kg/hm²，比对照品种黎麻道增产6.50%～15.50%。2000—2002年参加内蒙古鄂尔多斯市伊金霍洛旗的国家荞麦品种区域试验，3年平均产量为1 249.5kg/hm²，比对照品种平荞2号减产3.80%，居参试品种第4（王永亮，2003）。2010年参加内蒙古武川旱作试验站品比试验，平均单产为1 275.6kg/hm²，比对照品种增产184.09%。

【用途】粮用、保健食品等。

赤荞1号

【品种名称】赤荞1号。

【SSR指纹】0111101001 0100110010 0000100011 0100100100 1001110010 010101（34431346430745749）。

【品种来源、育种方法】内蒙古赤峰市农牧科学研究院与中国农业大学从天然杂交优势群体选取优良单株作材料，选出T07010与T07015，再将这两个株系进行混合选择，历经6代选育而成的普通甜荞品种。2013年通过内蒙古自治区农作物品种审定委员会认定，认定证书编号：蒙认麦2013002号。

【形态特征及农艺性状】品种审定资料表明，赤荞1号全生育期82～87d，属中熟品种。株型半紧凑，株高123～145cm，绿茎绿叶；花白色，花柱异长，自交不亲和，虫媒传粉；主茎一级分枝数3～6个，主茎节数15～17节；籽粒褐色，三角形，单株粒数177粒，千粒重28.4g。2011年内蒙古民族大学农学院和内蒙古赤峰市农牧科学研究院资源与环境研究所引种试验表明，赤荞1号全生育期80d，属中熟品种。株高178.9cm，主茎节数13节，主茎分枝数5个，茎粗7.2mm，单株粒重2.9g，单株粒数104粒，千粒重29.60g，籽粒杂粒率5.00%（唐超等，2014）。2011年甘肃省定西市旱作农业科研推广中心在定西的引种试验表明，赤荞1号全生育期75d，属早中熟品种。株高61.0cm，主茎分枝数3.9个，主茎节数8.2节，单株粒数26.5粒，单株粒重0.8g，千粒重28.4g，结实率19.70%（马宁等，2012）。2011年内蒙古赤峰市翁牛特旗的品种比较试验表明，赤荞1号全生育期87d，属中熟品种。株高145cm，主茎分枝数6个，主茎节数17节；籽粒深褐色，单株粒数177粒，千粒重31.45g，单株粒重5.51g（李晓宇，2014）。2011年山西省农业科学院高寒区作物研究所引种试验表明，赤荞1号全生育期98d，属中熟品种。株高110cm，主茎节数15.9节，一级分枝数3.8个；籽粒褐色，单株粒数112.7粒，单株粒重3.1g，千粒重27.5g（赵萍、康胜，2014）。2012年内蒙古赤峰市农牧科学研究院梁上试验地进行引种试验，赤荞1号全生育期85d，属中熟品种。株高141.3cm，主茎分枝5个，主茎节数15节，种子深褐色，单株粒数298个，千粒重26.3g，单株粒重3.9g（刘迎春等，2013a；刘迎春等，2014）。2012年甘肃省定西市农业科学研究院甜荞品种比较试验表明，赤荞1号全生育期85d，属中熟品种。株高85.3cm，主茎分枝5.6个，主茎节数6.7节；种子褐色、三棱形，千粒重28.4g，单株粒重1.5g（贾瑞玲等，2014）。贵州师范大学荞麦产业技术研究中心2013年测定，赤荞1号千粒重为34.8g，千粒米重为27.6g，果壳率为20.67%。

【抗性特征】抗病、抗虫。2011年内蒙古民族大学农学院和内蒙古赤峰市农牧科学研究院资源与环境研究所引种试验表明，赤荞1号倒伏面积10.00%，属轻微倒伏；立枯病普遍率0.23%，蚜虫发生率2.11%（唐超等，2014）。

【籽粒品质】2012年经农业部谷物品质监督检验测试中心（北京）测定，赤荞1号籽粒的粗蛋白含量为16.72%，粗脂肪含量为2.86%，粗淀粉含量为71.18%。2011年贵州师范大学荞麦产业技术研究中心测定，赤荞1号在全国19个试点总膳食纤维（TDF）平均含量为19.49%，非水溶性膳食纤维（NSDF）平均含量为14.76%，水溶性膳食纤维（WSDF）平均

赤荞1号

A.盛花期植株 B.成熟期植株 C.盛花期主花序 D.成熟期主果枝 E.种子

含量为4.89%（李月等，2013b）。

【适应范围与单位面积产量】适合在内蒙古赤峰市、通辽市≥10℃活动积温2 000℃以上地区推广种植。2011年甘肃省定西市旱作农业科研推广中心在定西的引种试验表明，赤荞1号折合平均产量为1 336.7kg/hm²，比对照品种定甜荞1号减产6.00%，居参试甜荞品种第4（马宁等，2012）。2011—2012年参加区域试验，其中，2011年平均产量为2 244.0kg/hm²，比对照增产13.70%；2012年平均产量为2 050.5kg/hm²，比对照增产9.50%。2011年参加内蒙古赤峰市翁牛特旗品比试验，赤荞1号平均产量为2 223.4kg/hm²，比对照品种北早生增产23.50%，居参试品种第1。2011年内蒙古民族大学农学院和内蒙古赤峰市农牧科学研究院资源与环境研究所引种试验表明，赤荞1号平均产量为2 168.4kg/hm²，居参试品种第3，比对照品种高家梁甜荞减产10.46%（唐超等，2014）。2012年内蒙古赤峰市农牧科学研究院梁上试验地进行引种试验，赤荞1号平均单产2 133.9kg/hm²，比对照品种GY-09增产10.10%，居参试甜荞品种第2（刘迎春等，2013a）。2012年甘肃省定西市农业科学研究院的甜荞品种比较试验表明，赤荞1号折合平均产量为1 620.0kg/hm²，比对照品种定甜荞1号减产20.20%，居参试品种第8（贾瑞玲等，2014）。2011—2014年参加全国荞麦品种展示试验，其中，2011年平均产量为1 179.1kg/hm²，比参试甜荞品种平均产量增产10.00%；2012年平均产量为1 552.2kg/hm²，比参试甜荞品种平均产量增产1.21%；2013年平均产量为1 253.7kg/hm²，比参试甜荞品种平均产量增产7.26%；2014年平均产量为1 328.4kg/hm²，比参试甜荞品种平均产量增产8.71%。该品种较适宜种植的省份为陕西（2 955.2kg/hm²）、宁夏（2 000.0kg/hm²）、内蒙古（1 746.3kg/hm²）、山西（1 417.9kg/hm²）、新疆（1 373.1kg/hm²）、西藏（1 403.0kg/hm²）、青海（1 791.0kg/hm²）。

【用途】粮用、保健食品等。

通 荞 1 号

【品种名称】通荞1号。

【品种来源、育种方法】通辽市农业科学研究院以库伦大粒（原引进荞麦品种美国温莎）为材料，经5代自交纯化选育而成的甜荞品种。2013年通过内蒙古自治区农作物品种审定委员会认定，认定证书编号：蒙认麦2013001号。

【形态特征及农艺性状】品种审定资料表明，通荞1号全生育期81d，属中熟品种。株型紧凑，株高124cm，主茎分枝数4～5个。花白色，花柱异长，自交不亲和，虫媒传粉。籽粒三棱形、褐色，千粒重28.3g。2012—2014年第十轮国家甜荞品种区域试验表明，通荞1号全生育期79d，属早熟品种。株高98.1cm，主茎分枝数3.8个，主茎节数10.4节，单株粒重3.5g，千粒重28.3g。

【抗性特征】抗病虫。

【籽粒品质】2013年经农业部谷物品质监督检验测试中心（北京）测定，通荞1号籽粒的粗蛋白含量为13.50%，粗脂肪含量为2.17%，粗淀粉含量为74.60%。

【适应范围与单位面积产量】适合在内蒙古赤峰市、通辽市≥10℃活动积温2 000℃以上地区种植。2011年参加区域试验，平均产量为2 233.5kg/hm²，比对照增产13.20%。2012—2014年参加第10轮国家甜荞品种区域试验，3年平均产量为1 598.7kg/hm²，较对照品种平荞2号增产7.49%，居参试品种第1，在山西五寨、西藏拉萨试点表现较好。2014年参加全国荞麦品种展示试验的平均产量为1 134.3kg/hm²，比各试点甜荞品种平均产量减产2.68%。该品种较适宜种植的省份为青海（1 940.3kg/hm²）、内蒙古（1 462.7kg/hm²）、宁夏（1 447.8kg/hm²）、山西（1 253.7kg/hm²）、吉林（1 164.2kg/hm²）。

【用途】适宜加工荞粉、荞面、保健品、饮料及蔬菜。

通荞1号

A.盛花期植株 B.成熟期植株 C.盛花期主花序 D.成熟期主果枝 E.种子

（图A—E来自云南省农业科学院王艳青）

北海道荞麦

【品种名称】北海道荞麦。

【SSR指纹】0000001000 0000000010 0100100011 1100100100 1001010010 111101（563106973783229）。

【品种来源、育种方法】日本广岛麦类荞科指导所于1985年进行单株系统选择育成的普通甜荞品种。1987—1989年先后为宁夏固原、甘肃平凉、内蒙古赤峰、江苏盐城等地引种鉴定，1990年通过宁夏回族自治区农作物品种审定委员会审定。

【形态特征及农艺性状】品种审定资料表明，北海道荞麦全生育期78d，属中熟品种。株型紧凑，茎秆下部红色，上部绿色，株高85～100cm，植株粗壮，茎粗0.6～0.9cm，茎秆厚壁；主茎分枝数5个，地上茎一般9节；叶椭圆形，叶脉浅绿色；花白色，花柱异长，自交不亲和，虫媒传粉；雄蕊粉红色，花梗长3～5mm，结实率35.0%～50.0%；籽粒麻纹黑色，三棱形，棱翅明显，棱角突出明显；单株粒重4.0g，千粒重30.0～32.0g。植株田间生长整齐，长势强，籽粒排列整齐，结实集中。1989年江苏省引种试验表明，北海道荞麦夏播全生育期78d左右，属早熟品种；株高71～103cm，茎粗0.7～1.1cm，上部叶片三角形，叶片及叶脉浅绿色；花瓣白色，籽粒麻纹黑色，三棱形，棱角突出；单株粒数104～234粒，千粒重38～44g（徐寿琪等，1991）。赤峰市引种试验表明，北海道荞麦全生育期70～80d，生育期最适宜温度18～25℃（张宏志等，1998）。2007年宁夏回族自治区固原市农业科学研究所在所头营科研基地进行引种试验，全生育期为82d，属中熟品种。株型紧凑，株高54.5cm，主茎分枝数4个，主茎节数13节，千粒重30.1g，单株粒重2.6g（杜燕萍等，2008）。山西省农业科学院作物科学研究所栽培试验表明，北海道荞麦全生育期68d，属早熟品种。主茎分枝数3.7个，主茎节数12.6节，株高104.3cm；单株花簇数27.1个，结实率30.2%，单株粒重4.6g，千粒重30.1g（张春明等，2011b）。经贵州师范大学荞麦产业技术研究中心2013年测定，北海道荞麦千粒重为31.2g，千粒米重为24.9g，果壳率为20.36%。

【抗性特征】耐旱、耐瘠薄、耐盐碱、耐冷凉、耐涝，喜阴湿，抗倒伏（张宏志等，1998）。

【籽粒品质】品种审定资料表明，北海道荞麦籽粒蛋白质含量为12.44%，粗淀粉含量为60.11%，氨基酸含量为10.93%，赖氨酸含量为0.65%。内蒙古翁牛特旗产北海道荞麦赖氨酸含量为0.80%，氨基酸总量为15.17%，锌含量15.8μg/g，粗脂肪含量为1.49%，粗纤维含量为0.38%，灰分含量为0.31%（张宏志、刘湘元，1995）。

【适应范围与单位面积产量】适合在宁夏固原，甘肃平凉、庆阳，内蒙古赤峰，江苏盐城等荞麦产区种植。该品种喜肥，丰产性好。1985年参加甘肃华池县品比试验，北海道荞麦产量居7个参试品种首位，比当地荞麦增产22.0%；1986年参加品比试验，北海道居13

个参试品种首位，比当地荞麦增产45.8%；1987年参加区域试验，3点平均比当地荞麦增产43.9%。1987—1989年在宁夏固原东部山区中等施肥水平下累计推广面积1 000.0hm²，平均产量为3 183.0kg/hm²，比当地农家种增产23.3%。1988—1989年黄土台塬秋播栽培试验表明，北海道荞麦在每公顷播种量141.8万～146.9万粒、施氮（N）56.1～58.4kg、施磷（P_2O_5）78.7～83.4kg、施钾（K_2O）39.6～42.7kg条件下的生产潜力可达2 768.7kg/hm²（谢惠民，1992）。1989年江苏盐城一般产量为3 120.0～4 200.0kg/hm²，较当地荞麦增产57.0%以上。1988—1989年在甘肃平凉全区7县（市）种植2 000.0hm²，平均产量为1 356.7kg/hm²，较当地老品种红秆甜荞增产达98.5%。1991—1995年，在内蒙古赤峰市推广面积达6.67×10^4hm²，平均产量为2 100.0kg/hm²，最高达3 825.0kg/hm²。赤峰市翁牛特旗按每公顷施农家肥29 850.7～44 776.1kg、草木灰1 492.5kg、磷酸二铵74.6～104.5kg、留苗134.3万～149.3

北海道荞麦

A.盛花期植株　B.成熟期植株　C.盛花期主花序　D.成熟期主果枝　E.种子

万株，平均产量可达2 761.2kg/hm²，比本地品种增产85.0%～100.0%（张宏志，1993）。2007年宁夏固原市农业科学研究所在所头营科研基地进行引种试验表明，北海道荞麦折合平均产量为810.0kg/hm²，比对照品种宁荞1号增产28.57%，居参试品种第4（杜燕萍等，2008）。

【用途】粮用、饲用等。

美 国 甜 荞

【品种名称】美国甜荞。

【SSR指纹】0000101001 0100010011 1100100011 0100100000 1011110101 101111（2904070274727279）。

【品种来源、育种方法】宁夏农林科学院固原分院（原固原市农业科学研究所）马均伊等于1988年从美国引进，经多年系统选育而成的甜荞品种。1995年通过宁夏回族自治区农作物品种审定委员会审定，品种审定证书编号：宁种审9519号。

【形态特征及农艺性状】品种审定资料表明，美国甜荞全生育期66d，属早熟品种。全株绿色，花白色，花柱异长，自交不亲和，虫媒传粉；株型紧凑，株高70cm左右，主茎节数6～9节，主茎分枝数5～6个，簇花数14～16个；籽粒棕褐色，三棱形，棱角突出；单株粒重2.3～4.7g，千粒重26.0～32.1g。该品种田间生长整齐，长势中等，籽粒较饱满，结实率高且集中（王建宇等，1997）。1987—1990年吉林农业大学试验站产量试验表明，美国甜荞单株粒数169.7粒，单株粒重5.6g，千粒重32.6g（于万利等，1992）。2007年宁夏固原市引种试验表明，美国甜荞全生育期82d，属中熟品种。株高54.2cm，株型紧凑，主茎分枝数4个，主茎节数13节，单株产量3.1g，千粒重31.1g。经贵州师范大学荞麦产业技术研究中心2013年测定，美国甜荞千粒重为32.5g，千粒米重为25.2g，果壳率为22.6%。

【抗性特征】抗倒伏、抗旱，适应性强，易落粒。

【籽粒品质】品种审定资料表明，美国甜荞籽粒蛋白质含量为16.78%，粗淀粉含量为60.10%，粗脂肪含量为3.10%，赖氨酸含量为0.57%（王建宇等，1997）。

【适应范围与单位面积产量】适合在宁夏南部山区、河北北部、山西西部和内蒙古西部地区等生态区种植。1987—1990年吉林农业大学试验站平均产量为1 050.0kg/hm²（于万利等，1992）。1993—1994年进行生产示范，正茬播种平均产量为960.8kg/hm²，比对照品种增产15.0%，复种平均产量为1 275.0kg/hm²，比对照品种增产30.0%；1993—1995年参加全国荞麦良种区域试验，美国甜荞平均产量为820.2kg/hm²，比对照品种增产11.10%，居参试品种第1（王建宇等，1997）。2007年参加在宁夏固原市农业科学研究所头营科研基地川旱地的引种品比试验，美国甜荞折合平均产量为850.0kg/hm²，较对照品种宁荞1号增产34.92%，居参试品种第2（杜燕萍等，2008）。

【用途】粮用、保健食品等。

美国甜荞

A.盛花期植株　B.成熟期植株　C.盛花期主花序　D.成熟期主果枝　E.种子

宁荞1号

【品种名称】宁荞1号，原名混辐1号。

【SSR指纹】0000001000 0000010010 0000100011 1100100100 1100010000 000101（564189305553925）。

【品种来源、育种方法】宁夏农林科学院固原分院（原固原市农业科学研究所）马均伊、常克勤等于1992年以引进品种混选3号为材料，经辐射处理，从后代中选择优良变异单株，再经多年系统选育而成的甜荞品种。2002年通过宁夏回族自治区农作物品种审定委员会审定，审定证书编号：宁审荞200201号。

【形态特征及农艺性状】品种审定资料表明，宁荞1号全生育期80d，属中早熟品种；全株绿色，株高90cm左右，主茎节数10节，主茎分枝数4个，株型较紧凑；叶椭圆形，花白色，花柱异长，自交不亲和，虫媒传粉；籽粒三棱形、褐色，有麻纹，棱角突出；单株粒重2.1g，籽粒饱满，千粒重38.0g。田间生长势强，生长发育整齐，结实集中（常克勤等，2006；段志龙、王常军，2012）。2007年宁夏固原市农业科学研究所在其头营科研基地进行引种试验，宁荞1号全生育期为82d，属中熟品种。株型紧凑，株高55.4cm，主茎分枝数4个，主茎节数13节，单株粒重2.1g，千粒重31.0g（杜燕萍等，2008）。2011年内蒙古民族大学农学院和内蒙古赤峰市农牧科学研究院资源与环境研究所引种试验表明，宁荞1号全生育期87d，属中熟品种；株高178.9cm，主茎节数17节，主茎分枝数5个，茎粗9.9mm，单株粒重2.1g，单株粒数74粒，千粒重28.1g，籽粒杂粒率14.50%，种子褐色（唐超等，2014）。2011年赤峰市甜荞品种比较试验表明，宁荞1号全生育期95d，属晚熟品种。株高152cm，主茎分枝7个，主茎节数16节；籽粒深褐色，单株粒数156粒，单株粒重4.74g，千粒重30.48g（李晓宇，2014）。2011年甘肃省定西市旱作农业科研推广中心在定西的引种试验表明，宁荞1号全生育期88d，属中熟品种；株高58.0cm，主茎分枝数3.1个，主茎节数9.1节，单株粒数34.5粒，单株粒重1.0g，千粒重28.6g，结实率19.43%（马宁等，2012）。2011年山西省农业科学院高寒区作物研究所引种试验表明，宁荞1号全生育期98d，属中熟品种。株高128cm，主茎节数16.2节，一级分枝数4.8个；籽粒褐色，单株粒数141.6粒，单株粒重3.3g，千粒重23.2g（赵萍、康胜，2014）。经贵州师范大学荞麦产业技术研究中心2013年测定，宁荞1号千粒重为33.5g，千粒米重为27.3g，果壳率为18.49%。

【抗性特征】抗倒伏性强，抗旱性强，适应性广。2011年内蒙古民族大学农学院和内蒙古赤峰市农牧科学研究院资源与环境研究所引种试验表明，宁荞1号倒伏面积25.00%，属中等程度倒伏；立枯病普遍率0.56%，蚜虫发生率5.98%（唐超等，2014）。

【籽粒品质】品种审定资料表明，宁荞1号籽粒粗蛋白质含量为12.60%，粗脂肪含量为2.50%，水分含量为13.70%（常克勤等，2006）。2011年贵州师范大学荞麦产业技术研究中心测定，宁荞1号在全国19个试点总膳食纤维平均含量为20.75%，非水溶性膳食纤维平均含量为15.08%，水溶性膳食纤维平均含量为5.35%（李月等，2013b）。

【适应范围与单位面积产量】适合在宁夏南部山区荞麦主产区种植，其中，宁夏南部山区荞麦主产区以6月下旬播种为宜，冬麦区麦后复种在7月10日以前播种，引黄灌区在7月中旬复播（常克勤等，2006）。1998—1999年参加宁南山区荞麦品种区域试验，平均产量为1 282.5kg/hm²，比对照品种北海道荞麦增产11.50%。2000年生产试验，在宁夏固原、彭阳、西吉三点平均产量为1 669.5kg/hm²，比对照品种北海道荞麦增产19.40%。2001年生产示范平均产量为1 486.5kg/hm²。2007年宁夏固原市农业科学研究所在其头营科研基地进行引种试验，宁荞1号作为对照品种，折合平均产量为630.0kg/hm²，居参试品种第5（杜燕萍等，2008）。2011年参加甘肃定西市旱作农业科研推广中心的引种试验，折合平均产量为1 180.0kg/hm²，比对照品种定甜荞1号减产17.10%。2011年内蒙古民族大学农学院和内蒙古赤峰市农牧科学研究院资源与环境研究所引种试验表明，宁荞1号平均产量为1 731.8kg/hm²，居参试品种第6，比对照品种高家梁甜荞减产39.12%（唐超等，2014）。2011年赤峰市甜荞品种比较试验表明，宁荞1号折合平均产量为1 493.41kg/hm²，比对照品种北早生减产17.00%，居参试品种第8（李晓宇，2014）。2011、2013、2014年参加全国荞麦品种展示试验，其中，2011年平均产量为1 594.0kg/hm²，比参试甜荞品种平均产量减产1.11%；2013年平均产量为1 620.9kg/hm²，比参试甜荞品种平均产量减产3.00%；2014年平均产量为1 976.1kg/hm²，比参试甜荞品种平均产量增产12.08%。宁荞1号较适宜种植的省份为青海（2 432.8kg/hm²）、陕西（2 253.7kg/hm²）、西藏（2 179.1kg/hm²）、宁夏（1 910.4kg/hm²）、山西（1 283.6kg/hm²）。

【用途】粮用、保健食品等。

宁荞1号

A.盛花期植株　B.成熟期植株　C.盛花期主花序　D.成熟期主果枝　E.种子

信农1号

【品种名称】信农1号。

【SSR指纹】0111101001 0100110000 0000100011 0100100000 0010110000 000101（34431208991501317）。

【品种来源、育种方法】宁夏农林科学院固原分院（原固原市农业科学研究所）常克勤等从日本引进的甜荞品种。2008年3月通过宁夏回族自治区农作物品种审定委员会审定，审定证书编号：宁审荞2008001号。

【形态特征及农艺性状】品种审定资料表明，信农1号全生育期77～99d，属中熟品种。幼苗生长旺盛，叶色深绿，叶心形。株高73.7～136.4cm，株型紧凑，主茎节数9.7节，主茎分枝数4.5个；花白色，花柱异长，自交不亲和，虫媒传粉；籽粒三棱形、灰褐色，单株粒数73.7个，单株粒重1.9g，千粒重26.7g。田间生长势强，生长整齐，结实集中。山西省农业科学院作物科学研究所栽培试验表明，信农1号全生育期74d，属中熟品种。主茎分枝数4.6个，主茎节数13.1节，株高94.9cm；单株花簇数28.2个，结实率47.90%，单株粒重8.2g，千粒重29.4g（张春明等，2011b）。2011年内蒙古民族大学农学院和内蒙古赤峰市农牧科学研究院资源与环境研究所引种试验表明，信农1号全生育期82d，属中熟品种。株高175.3cm，主茎节数17.0节，主茎分枝数5.0个，单株粒数101粒，单株粒重2.8g，千粒重24.1g，籽粒杂粒率2.50%，种子深褐色（唐超等，2014）。2011年甘肃省定西市旱作农业科研推广中心的引种试验表明，信农1号全生育期88d，属中熟品种。株高66.0cm，主茎分枝数3.7个，主茎节数9.8节，单株粒数93.0粒，单株粒重2.4g，千粒重25.2g，结实率20.20%（马宁等，2012）。2011年山西省农业科学院高寒区作物研究所引种试验表明，信农1号全生育期98d，属中熟品种。株高123cm，主茎节数16.8节，一级分枝数4.3个；籽粒褐色，单株粒数170.7粒，单株粒重4.4g，千粒重24.9g（赵萍、康胜，2014）。2012年甘肃省定西市农业科学研究院甜荞品种比较试验表明，信农1号全生育期88d，属中熟品种。株高92.8cm，主茎分枝6.4个，主茎节数9.3节，种子褐色、三棱形，单株粒重0.7g，千粒重25.2g（贾瑞玲等，2014）。经贵州师范大学荞麦产业技术研究中心2013年测定，信农1号千粒重为30.4g，千粒米重为24.7g，果壳率为18.73%。

【抗性特征】抗旱、抗倒伏、耐瘠薄，适应性广，落粒性中等。2011年内蒙古民族大学农学院和内蒙古赤峰市农牧科学研究院资源与环境研究所引种试验表明，信农1号倒伏面积60.00%，属较重程度倒伏；立枯病普遍率0.95%，蚜虫发生率5.25%（唐超等，2014）。

【籽粒品质】经农业部谷物及制品质量监督检验测试中心（哈尔滨）测定，信农1号籽粒的氨基酸含量为13.10%（其中赖氨酸含量为0.80%），粗蛋白含量为13.60%，粗脂肪含量为2.63%，粗纤维含量为12.55%，淀粉含量为60.00%，灰分含量为2.22%。2011年贵州师范大学荞麦产业技术研究中心测定，信农1号在全国19个试点总膳食纤维（TDF）平均含量为17.74%，非水溶性膳食纤维（NSDF）平均含量为14.33%，水溶性膳食纤维（WSDF）平均含量为3.41%（李月 等，2013b）。朱媛媛（2013）测定，信农1号籽粒含水量为（13.01±0.06）%，含油量为（4.45±0.07）%，蛋白质含量为（11.32±0.01）%，灰分含量为（2.73±0.02）%；荞壳芦丁含量为（690.36±5.43）μg/g，原花色素含量为（19.66±1.05）μg/g，麸皮芦丁含量为（690.60±2.62）μg/g、原花色素含量为（17.04±0.17）μg/g，荞粉芦丁含量为（150.91±2.27）μg/g、原花色素含量为（8.01±0.27）μg/g。徐笑宇 等（2015）测定，信农1号籽粒黄酮含量为5.63mg/g。

【适应范围与单位面积产量】适合在宁南山区干旱、半干旱地区荞麦主产区种植。2002—2004年参加生产试验，3年平均产量为1 230.8kg/hm²，比对照品种北海道平均增产14.42%。2011年在山西省大同市进行引种试验，信农1号折合平均产量为1 788.3kg/hm²，比

信农1号

A.盛花期植株　B.成熟期植株　C.盛花期主花序　D.成熟期主果枝　E.种子

对照品种右玉甜荞增产70.80%，位列9个参试品种第2。2011年内蒙古赤峰市引种试验，信农1号平均产量为1 543.4kg/hm²，比对照品种北早生减产14.30%，居参试品种第6。2011年内蒙古民族大学农学院和内蒙古赤峰市农牧科学研究院资源与环境研究所引种试验表明，信农1号平均产量为1 731.8kg/hm²，居参试品种第4，比对照品种高家梁甜荞减产28.49%（唐超等，2014）。2011年甘肃省定西市旱作农业科研推广中心的引种试验表明，信农1号平均产量为1 393.3kg/hm²，比对照品种定甜荞1号减产2.10%，居参试甜荞品种第3（马宁等，2012）。2012年甘肃省定西市农业科学研究院甜荞品种比较试验表明，信农1号折合平均产量为1 760.0kg/hm²，比对照品种定甜荞1号减产13.30%，居参试品种第6（贾瑞玲等，2014）。2011、2013、2014年参加全国荞麦品种展示试验，其中，2011年平均产量为1 029.9kg/hm²，比参试甜荞品种平均产量减产3.75%；2013年平均产量为1 074.6kg/hm²，比参试甜荞品种产量平均值减产3.43%；2014年平均产量为1 194.0kg/hm²，比参试甜荞品种平均产量增产1.93%。该品种较适宜种植的省、自治区为宁夏（2 014.9kg/hm²）、陕西（1 985.1kg/hm²）、青海（1 895.5kg/hm²）、西藏（1 432.8kg/hm²）、山西（1 388.1kg/hm²）、新疆（1 209.0kg/hm²）、江苏（1 179.1kg/hm²）。

【用途】粮用、保健食品等。

平荞2号

【品种名称】平荞2号，又名甘荞2号。

【SSR指纹】0000101001 0000010010 0000100011 0100101100 1010010001 101101（2886357830378605）。

【品种来源、育种方法】甘肃省平凉市农业科学研究所王宗胜、宋占平等以云南白花荞为材料，经过两轮混合选择育成的甜荞品种。1993年通过大田鉴定，1994年5月通过甘肃省农作物品种审定委员会审定，定名为平荞2号，审定证书编号：1994甘种审第166号。

【形态特征及农艺性状】品种鉴定资料表明，平荞2号全生育期春播约90d，属晚熟品种；夏播约77d，属早熟品种。株高75～86cm，属中秆品种；叶片淡绿色，茎秆红绿色，叶三角形；花白色，花柱异长，自交不亲和，虫媒传粉；株型紧凑，主茎分枝数5个，主茎节数12.2节，适宜密植；单株粒重1.7g，千粒重31.4g，籽粒三棱形、褐色（宋占平等，1994；常庆涛等，2002；段志龙、王常军，2012）。第六轮国家甜荞品种区域试验鄂尔多斯试点测定表明，平荞2号全生育期86d，属中晚熟品种。株高48.5cm，主茎分枝数3.0个，主茎节数10.2节，单株粒重1.9g，千粒重29.3g（王永亮，2003）。山西省农业科学院作物科学研究所栽培试验表明，平荞2号全生育期74d，属中早熟品种。主茎分枝数4.1个，主茎节数13.3节，株高99.5cm；单株花簇数40.8个，结实率27.50%，单株粒重9.2g，千粒重29.9g（张春明等，2011b）。2007年宁夏回族自治区固原市农业科学研究所在其头营科研基地进行引种试验，平荞2号全生育期为80d，属中熟品种。株型紧凑，株高60.1cm，主茎分枝数4.4

个，主茎节数13.0节，千粒重32.3g（杜燕萍等，2008）。2012—2014年第10轮甜荞品种区域试验测定表明，平荞2号全生育期83d，属中熟品种。株高108.7cm，主茎分枝4.2个，主茎节数11.4节，单株粒重3.6g，千粒重27.1g。经贵州师范大学荞麦产业技术研究中心2013年测定，平荞2号千粒重为31.2g，千粒米重为24.9g，果壳率为20.17%。

【抗性特征】抗旱、抗倒伏，适应性强，高抗叶斑病，中抗枯萎病和霜霉病。

【籽粒品质】甘肃省农业科学院分析表明，平荞2号籽粒粗蛋白质含量为12.84%，粗脂肪含量为2.76%，淀粉含量为49.16%，赖氨酸含量为0.52%，出粉率约73.00%。经陕西师范大学测定，平荞2号荞麦粉乙醇提取物中的总酚含量为（106.95±3.43）mg/g（刘杰英等，2003；姚亚平等，2006）。经浙江大学农业与生物技术学院测定，平荞2号籽粒的芦丁含量为0.024%，清蛋白含量为5.71%，球蛋白含量为1.02%，醇溶蛋白含量为0.33%，谷蛋

平荞2号
A.盛花期植株　B.成熟期植株　C.盛花期主花序　D.成熟期主果枝　E.种子

白含量为1.76%，总蛋白含量为11.25%（文平，2006）。贵州师范大学荞麦产业技术研究中心2010年测定表明，平荞2号的蛋白质含量为14.01%～20.43%，其中威宁、黔西和毕节试点的含量较高；黄酮含量为0.06%～0.12%，其中六盘水、威宁、毕节、贵阳地区的含量较高。2010年经山西省农业科学院小杂粮研究中心测定，平荞2号干种子的硒含量为0.389μg/g（李秀莲等，2011a）。

【适应范围与单位面积产量】适合在北方夏播甜荞麦区（除内蒙古外）及甘肃省各甜荞麦区（除个别高寒地区外）种植。1988—1989年参加品系鉴定试验，其中，1988年平均产量为1 897.0kg/hm²，比当地对照品种平凉白花荞增产43.60%；1989年平均产量为1 728.4kg/hm²，比当地对照品种平凉白花荞增产26.70%。1989—1990年参加品比试验，平均产量为1 879.5kg/hm²，比对照品种泾川荞增产26.80%。1990—1992年参加陇东荞麦区试，平均产量为1 951.5kg/hm²，比对照品种北海道荞麦增产17.50%，居参试品种首位。同期参加第3轮全国荞麦区试，3年平均产量为1 032.7kg/hm²，比对照品系榆3-3增产48.35%，居第2（宋占平等，1994）。1990—1992年累计示范1 191.3hm²，平均产量为1 954.5kg/hm²，比当地荞麦平均增产35.70%。2000—2002年平荞2号作为对照品种参加第6轮国家甜荞品种区域试验鄂尔多斯试点，3年平均产量为1 320.0kg/hm²，居参试品种第3（王永亮，2003）。2007年参加宁夏回族自治区固原市农业科学研究所头营科研基地川旱地引种品比试验，平荞2号折合平均产量为870.0kg/hm²，较对照品种宁荞1号增产38.10%，居参试品种第1（杜燕萍等，2008）。2010年参加内蒙古武川旱作试验站品比试验，折合平均产量为449.0kg/hm²，居参试品种第4。2012—2014年作为第10轮国家甜荞品种区域试验的对照品种，3年平均产量为1 487.3kg/hm²，居参试品种第5，在宁夏固原试点表现较好。

【用途】粮用、保健食品等。

定甜荞1号

【品种名称】定甜荞1号，又名定96-1。

【SSR指纹】0000101000 0000010010 0000100011 0100100000 0000010010 010011（2815989085373587）。

【品种来源、育种方法】甘肃省定西市旱作农业科学研究推广中心以定西甜荞混和群体为材料，通过定向选育而成的甜荞品种。2004年通过国家农作物品种审定委员会审定，审定证书编号：国品鉴杂2004013号。

【形态特征及农艺性状】品种鉴定资料表明，定甜荞1号全生育期80d，属中熟品种。株型紧凑，株高70～90cm，茎秆紫红色，主茎分枝3～5个，主茎节数7～9节；花白色，花柱异长，自交不亲和，虫媒传粉；籽粒黑褐色，三棱形，单株粒数50粒左右，单株粒重4.0～6.0g，千粒重28.0g，结实率20.30%。第6轮国家甜荞品种区域试验鄂尔多斯试点测定表明，定甜荞1号全生育期84d，属中熟品种。株高54.3cm，主茎分枝数4个，主茎节数

10.8节，单株粒重1.8g，千粒重27.9g（王永亮，2003）。王健胜（2005）农艺性状统计表明，定甜荞1号全生育期79d，属中熟品种。株高88cm，主茎分枝数4.8个，主茎节数11.1节，单株粒重5g，千粒重29.4g。山西省农业科学院作物科学研究所栽培试验表明，定甜荞1号全生育期68d，属早熟品种。主茎分枝数5个，主茎节数14.4节，株高105.9cm；单株花簇数44.5个，结实率34.30%，单株粒重11.5g，千粒重32.5g（张春明等，2011b）。2006—2008年山西省农业科学院五寨试验站晋西北荞麦引种试验表明，定甜荞1号全生育期102d，属晚熟品种。株高105.0cm，株型松散，主茎分枝数2.9个，主茎节数7～8节；花白色，籽粒黑褐色、桃形，单株粒重1.6g，千粒重22.8g（韩美善等，2010）。2011年甘肃省定西市旱作农业科研推广中心在定西的引种试验表明，定甜荞1号全生育期88d，属中熟品种。株高57.0cm，主茎分枝数3.3个，主茎节数8.7节，单株粒数50.0粒，单株粒重1.4g，千粒重

定甜荞1号

A.盛花期植株　B.成熟期植株　C.盛花期主花序　D.成熟期主果枝　E.种子

28.2g，结实率20.30%（马宁等，2012）。2012年甘肃省定西市农业科学研究院甜荞品种比较试验表明，定甜荞1号全生育期88d，属中熟品种。株高112.1cm，主茎分枝6个，主茎节数8.3节，种子黑褐色、三棱形，单株粒重1.9g，千粒重26.0g（贾瑞玲等，2014）。

【抗性特征】 抗倒伏、抗旱，耐瘠薄，适应性强，落粒轻（徐芦，2010）。

【籽粒品质】 品种审定资料表明，定甜荞1号籽粒的粗蛋白含量为15.28%，淀粉含量为66.59%，粗脂肪含量为3.32%，芦丁含量为0.40%。2011年贵州师范大学荞麦产业技术研究中心测定，定甜荞1号在全国19个试点总膳食纤维（TDF）平均含量为18.01%，非水溶性膳食纤维（NSDF）平均含量为14.89%，水溶性膳食纤维（WSDF）平均含量为3.74%（李月等，2013b）。经浙江大学农业与生物技术学院测定，定甜荞1号籽粒的芦丁含量为0.030%（文平，2006）。

【适应范围与单位面积产量】 适合在内蒙古、甘肃、陕西、宁夏等甜荞产区种植。2000—2002年参加第6轮国家甜荞品种区域试验鄂尔多斯试点，3年平均产量为1 210.5kg/hm²，比对照品种平荞2号减产6.90%，居参试品种第5（王永亮，2003）。2003年参加生产试验，平均产量为808.5kg/hm²，比对照增产19.40%。在甘肃镇原、定西，陕西米脂、延安，江苏泰兴，宁夏固原等试点表现高产。2006—2008年参加山西省农业科学院五寨试验站晋西北荞麦引种试验，3年折合平均产量为1 283.0kg/hm²，比参试甜荞品种平均产量增产15.90%，居参试品种第2（韩美善等，2010）。2011年参加甘肃省定西市旱作农业科研推广中心在定西的引种试验表明，定甜荞1号折合平均产量为1 423.3kg/hm²，居参试甜荞品种第2（马宁等，2012）。2012年参加甘肃省定西市农业科学研究院甜荞品种比较试验表明，定甜荞1号作为对照品种，其折合平均产量为2 030.0kg/hm²，居参试品种第3（贾瑞玲等，2014）。2013年参加山西省右玉县甜荞引种试验，定甜荞1号折合平均产量为1 600.5kg/hm²，比对照品种晋荞麦（甜）3号增产36.80%，位列参试品种第1（程树萍，2014）。

【用途】 粮用、保健食品等。

定甜荞2号

【品种名称】 定甜荞2号，原代号为定甜2001-1。

【SSR指纹】 0000001001 0000000010 0000100011 0100100000 0010010001 101101（633458504246381）。

【品种来源、育种方法】 甘肃省定西市旱作农业科研推广中心马宁等于2000年以从内蒙古引进的日本大粒荞品种为材料，经过多年优株混选育成的甜荞品种。2010年通过甘肃省农作物品种审定委员会认定，定名为定甜荞2号，认定证书编号：甘认荞2010001号。

【形态特征及农艺性状】 品种审定资料表明，定甜荞2号全生育期80d，属中熟品种。株高80.8cm，主茎分枝数4.4个，主茎节数10.3节，茎秆紫红色；花白色，花柱异长，自交不亲和，虫媒传粉；籽粒黑褐色、三棱形，单株粒重2.8g，千粒重30.2g（马宁等，2011）。2011年内蒙古民族大学农学院和内蒙古赤峰市农牧科学研究院资源与环境研究所引种试验表明，定甜荞2号全生育期82d，属中熟品种。株高143.0cm，主茎节数15节，主茎分枝数6个，茎粗8.5mm；单株粒数84粒，单株粒重2.4g，千粒重28.4g，籽粒杂粒率7.50%，种子褐色（唐超等，2014）。2011年甘肃省定西市旱作农业科研推广中心在定西的引种试验表明，定甜荞2号全生育期88d，属中熟品种。株高59.0cm，主茎分枝数2.9个，主茎节数9节；单株粒数80.5粒，单株粒重2.2g，千粒重27.4g，结实率21.07%（马宁等，2012）。2011年山西省农业科学院高寒区作物研究所引种试验表明，定甜荞2号全生育期98d，属中熟品种。株高120cm，主茎节数17.3节，主茎分枝数4.9个；籽粒褐色，单株粒数190.3粒，单株粒重4.9g，千粒重25.5g（赵萍、康胜，2014）。2012年内蒙古赤峰市农牧科学研究院梁上试验地进行引种试验，定甜荞2号全生育期93d，属晚熟品种。株高143.7cm，主茎分枝数5个，主茎节数14节，种子深褐色，单株粒数305个，单株粒重3.8g，千粒重25.1g（刘迎春等，

定甜荞2号

A.盛花期植株　B.成熟期植株　C.盛花期主花序　D.成熟期主果枝　E.种子

2014；唐超等，2014）。经贵州师范大学荞麦产业技术研究中心2013年测定，定甜荞2号千粒重为30.9g，千粒米重为25.0g，果壳率为19.07%。

【抗性特征】抗旱性强，抗倒伏，耐贫瘠，耐褐斑病，落粒轻。2011年内蒙古民族大学农学院和内蒙古赤峰市农牧科学研究院资源与环境研究所引种试验表明，定甜荞2号倒伏面积20.00%，属轻微倒伏；立枯病普遍率0.53%，蚜虫发生率2.67%（唐超等，2014）。

【籽粒品质】经甘肃省农业科学院农业测试中心2008年测定，定甜荞2号籽粒粗蛋白含量为13.66%，粗淀粉含量为59.96%，赖氨酸含量为1.43%，粗脂肪含量为2.96%，芦丁含量为3.03%，水分含量为12.30%。

【适应范围与单位面积产量】适合在甘肃省中东部地区的定西、白银、天水、陇南等年降水量为350～600mm、海拔2 500m以下的半干旱区山坡地、梯田和川旱地，以及宁夏南部山区及同类生态区种植。2002—2003年参加在甘肃省定西市旱作农业科研推广中心实验农场进行的品种鉴定试验，定甜荞2号两年折合平均产量1 398.0kg/hm²，较对照品种日本大粒荞增产18.00%，居13个参试品种（系）的第1；2003—2004年参加在定西市旱作农业科研推广中心实验农场进行的品比试验，两年折合平均产量1 230.0kg/hm²，较对照品种晋甜荞1号增产13.40%，居11个参试品种（系）的第1。2005—2007年参加在定西市进行的多点试验，3年平均产量为2 205.0kg/hm²，较对照品种定甜荞1号增产12.80%，居6个参试品种（系）的第1，增产幅度为9.80%～14.20%。2006—2008年参加生产示范试验，3年累计示范10.9hm²，平均产量为1 350.5kg/hm²，较对照品种晋甜荞1号增产15.00%。2011年参加内蒙古赤峰市翁牛特旗试验地的品比试验，定甜荞2号平均产量为1 863.4kg/hm²，比对照品种北早生增产3.50%，居参试品种第3。2011年内蒙古民族大学农学院和内蒙古赤峰市农牧科学研究院资源与环境研究所引种试验表明，定甜荞2号平均产量为1 522.5kg/hm²，比对照品种高家梁甜荞减产37.13%，居参试品种第5（唐超等，2014）。2011年甘肃省定西市旱作农业科研推广中心在定西的引种试验表明，定甜荞2号折合平均产量为1 746.7kg/hm²，比对照品种定甜荞1号增产22.70%，居参试甜荞品种第1（马宁等，2012）。2012年内蒙古赤峰市农牧科学研究院梁上试验地进行引种试验，定甜荞2号折合平均产量为1 861.2kg/hm²，比对照减产4.00%，居参试甜荞品种第5（刘迎春等，2013a）。2011—2014年参加全国荞麦品种展示试验，4年平均产量为1 268.7kg/hm²，比参试甜荞平均产量增产3.96%。该品种较适宜种植的省份为陕西（2 373.1kg/hm²）、青海（2 014.9kg/hm²）、宁夏（1 731.3kg/hm²）、内蒙古（1 477.6kg/hm²）、山西（1 417.9kg/hm²）、甘肃（1 268.7kg/hm²）、西藏（1 253.7kg/hm²）。

【用途】粮用、保健食品等。

定甜荞3号

【品种名称】定甜荞3号，原代号为定甜2001-02。

【品种来源、育种方法】甘肃省定西市农业科学研究院马宁等从吉荞10号和改良1号经混合选育而成的甜荞新品种。2014年通过甘肃省农作物品种审定委员会认定，品种认定证书编号：甘认荞2014001号。

【形态特征及农艺性状】品种审定资料表明，定甜荞3号全生育期70～80d，属中早熟品种。株高70～90cm，主茎分枝数4.3～5.0个，主茎节数8.7～9.4节，株型紧凑，茎秆红绿色；花白色，花柱异长，自交不亲和，虫媒传粉，异花授粉；籽粒黑褐色、三棱形，落粒轻，单株粒重2.1～2.5g，千粒重28.3～29.2g（马宁等，2014）。

【抗性特征】抗倒伏、抗旱，耐褐斑病。

【籽粒品质】经甘肃省农业科学院测试中心2012年测定，定甜荞3号籽粒水分含量为12.00%，粗蛋白（干基）含量为15.91%，粗淀粉（干基）含量为60.55%，赖氨酸（干基）

定甜荞3号

A.盛花期植株 B.成熟期植株 C.盛花期主花序 D.成熟期主果枝 E.种子

（图A—E来自云南省农业科学院王莉花）

含量为0.73%，粗脂肪（干基）含量为2.80%，芦丁（干基）含量为1.13%。

【适应范围与单位面积产量】适合在甘肃省海拔1 800～2 400m干旱、半干旱的甜荞适种区种植。2004—2005年参加甘肃省定西市农业科学研究院试验农场进行的品种鉴定试验，定甜荞3号两年折合平均产量为1 414.5kg/hm²，较主对照品种吉荞10号增产6.00%，较第2对照品种改良1号增产14.50%，居8个参试品种第1。2006—2007年参加定西市农业科学研究院试验场进行的品比试验，两年折合平均产量1 360.5kg/hm²，较对照品种定甜荞1号增产12.40%。2008—2010年在甘肃省定西市6个试点进行的定西市荞麦区域试验中，定甜荞3号折合平均产量为2 224.5kg/hm²，较对照品种定甜荞1号增产10.30%，居6个参试品种第1。2011—2012年在甘肃省通渭县华家岭乡、陇西县云田乡等地进行生产试验，定甜荞3号折合平均产量为1 341.0～2 346.0kg/hm²，较对照增产幅度为11.20%～28.20%。2014年参加全国荞麦品种展示试验的平均产量为1 223.9kg/hm²，比各点甜荞品种平均产量增产4.68%。该品种较适宜种植的省份为青海（2 895.5kg/hm²）、宁夏（1 895.5kg/hm²）、内蒙古（1 447.8kg/hm²）、山西（1 373.1kg/hm²）、西藏（1 268.7kg/hm²）、新疆（1 253.7kg/hm²）、贵州（1 149.3kg/hm²）。

【用途】粮用（荞米、荞粉、荞面等）、保健食品等。

榆荞1号

【品种名称】榆荞1号。

【SSR指纹】0110001001 0100110010 0000100011 1100100100 1000010000 000001（27675947023238145）。

【品种来源、育种方法】陕西省榆林农业学校高立荣等于1982年用秋水仙素诱变陕西靖边荞麦，使其染色体加倍成同源四倍体，后经系统选育而成的四倍体甜荞新品种。1994年通过青海省农作物品种审定委员会审定，品种审定证书编号：青种合字第0089号。

【形态特征及农艺性状】品种审定资料表明，榆荞1号全生育期95～109d，属中晚熟品种。茎秆红色、粗壮，直径达0.7～1.5cm；叶大且厚，呈深绿色；株型松散，繁茂健壮，生长势强；主茎分枝数5～7个，主茎节数14.5节；花粉红色，花柱异长，自交不亲和，虫媒传粉；果实褐色、三棱形，棱翅宽，千粒重52.8g，大粒、皮薄，出粉率高（杨天育，1994；杨建辉，1995）。经贵州师范大学荞麦产业技术研究中心2013年测定，榆荞1号千粒重为60.2g，千粒米重为43.4g，果壳率为27.89%。

【抗性特征】耐旱，耐涝，抗病，抗倒伏，抗逆性强，适应性广（杨建辉，1995）。

【籽粒品质】品种审定资料表明，榆荞1号籽粒的淀粉含量为51.07%，粗蛋白含量为10.48%，粗脂肪含量为1.95%，赖氨酸含量为5.87%（董永利，2000）。经西北农业大学食品学系测定，榆荞1号荞麦面粉（CB36）的纤维素含量1.86%，蛋白质含量10.48%（其中，清蛋白36.40%、球蛋白14.10%、醇溶蛋白1.70%、谷蛋白26.10%、残渣蛋白21.70%），灰分含量为1.73%，赖氨酸占总蛋白质含量的4.57%（魏益民等，1995）。西北农林科技大学经济作物研究所2000年的测定表明，甜荞榆荞1号籽粒的赖氨酸含量占氨基酸总量的6.67%，氨基酸比值系数分为77.47。2003年经西北农林科技大学、陕西省榆林农业学校测定，榆荞1号芽菜的芦丁含量为0.44mg/g，胡萝卜素含量为15.60μg/g，赖氨酸含量为66.29mg/g，草酸含量为0.47mg/g。2010年经山西省农业科学院小杂粮研究中心测定，榆荞1号干种子的硒含量为0.532μg/g（陈鹏等，2003；李秀莲等，2011a）。

【适应范围与单位面积产量】该品种适合在陕西、甘肃、青海等荞麦产区种植，当地海拔2 400m以下地区适于6月上中旬播种，海拔2 500m以上地区适于5月下旬到6月上旬播种（姜占业、尚朝花，2007）。1989—1991年甘肃华池、环县3年9点次试验平均产量为1 612.8kg/hm²，比北海道荞麦增产12.90%，比当地荞麦增产35.80%。1992年甘肃定西、通

榆荞1号

A.盛花期植株　B.成熟期植株　C.盛花期主花序　D.成熟期主果枝　E.种子

渭、会宁引种试验，平均产量分别为3 349.5kg/hm²、1 875.0kg/hm²和2 817.0kg/hm²，分别比对照品种北海道荞麦增产17.40%、19.00%和16.90%。1992—1994年甘肃华池县引种试验，榆荞1号平均产量比农家传统品种增产44.00% ~ 63.00%，较对照品种北海道荞麦增产4.00% ~ 30.00%；1993年的小区试验，比对照品种北海道荞麦增产637.5kg/hm²，增幅达43.00%（杨建辉，1995）。

【用途】粮用、保健食品、菜用（荞麦芽菜）等。

榆荞2号

【品种名称】榆荞2号，原名榆3-3。

【SSR指纹】0110001000 0000000010 0000100011 0100100100 1010010011 110101 (27584687524586741)。

【品种来源、育种方法】西北农林科技大学农学院柴岩教授等于1982—1988年以当地农家品种榆林荞麦为材料，经株系集团法选育而成的甜荞品种。1990年通过宁夏回族自治区农作物品种审定委员会审定，品种审定证书编号：宁种审9019号。

【形态特征及农艺性状】品种鉴定表明，榆荞2号全生育期85 ~ 90d，属中晚熟品种。幼苗绿色，茎红色，主茎地上节数12节，主茎分枝数4 ~ 6个，株型松散，株高80 ~ 95cm，叶色深绿，生长势强且整齐，花白色，花柱异长，自交不亲和，虫媒传粉；籽粒三棱形、褐色，千粒重30.0g，籽粒出粉率72.00%（段志龙、王常军，2012）。1987—1990年吉林农业大学试验站产量试验表明，榆荞2号单株粒数95.5粒，单株粒重3.2g，千粒重30.2g（于万利等，1992）。第6轮国家甜荞品种区域试验鄂尔多斯试点测定表明，榆荞2号全生育期85d，属中熟品种。株高65.1cm，主茎分枝数4.9个，主茎节数11.6节，单株粒重2.48g，千粒重31.8g（王永亮，2003）。王健胜（2005）农艺性状统计表明，榆荞2号全生育期82d，属中熟品种。株高91.9cm，主茎分枝数5.2个，主茎节数12.5节，单株粒重4.5g，千粒重30.5g。2007年宁夏固原市引种试验表明，榆荞2号全生育期81d，属中熟品种。株高61.6cm，主茎分枝数4.5个，主茎节数14.9节，单株粒重2.8g，千粒重30.0g。山西省农业科学院作物科学研究所栽培试验表明，榆荞2号全生育期74d，属中早熟品种。主茎分枝数3.3个，主茎节数13.3节，株高89.6cm；单株花簇数38.9个，结实率19.30%，单株粒重3.9g，千粒重31.3g（张春明等，2011b）。经贵州师范大学荞麦产业技术研究中心2013年测定，榆荞2号千粒重为33.2g，千粒米重为25.8g，果壳率为22.27%。

【抗性特征】抗旱性强，抗倒伏性强，抗病，适应性广。

【籽粒品质】经陕西省榆林市农业科学研究所测定，榆荞2号籽粒的粗蛋白含量为12.50%，粗脂肪含量为2.60%，淀粉含量为69.70%，赖氨酸含量为0.64%，芦丁含量为7.00μg/g，维生素E含量为3.70μg/g，维生素PP含量为33.60μg/g，锌含量为18.28μg/g，铁含量为76.60μg/g。经肇庆学院测定，榆荞2号籽粒的清蛋白含量为（35.92±0.72）mg/g，球蛋白含量为（4.65±0.22）mg/g，醇溶蛋白含量为（5.14±0.26）mg/g，谷蛋白含量为（6.53±0.29）mg/g（刘拥海等，2006）。2010年经山西省农业科学院小杂粮研究中心测定，榆荞2号干种子的硒含量为0.267μg/g（李秀莲等，2011a）。徐笑宇等（2015）测定，榆荞2号籽粒黄酮含量为8.48mg/g。

【适应范围与单位面积产量】适合在陕北、晋北、内蒙古自治区东部、四川宁南山区、甘肃干旱区及一般干旱区等区域种植。1987—1989年参加四川宁南山区区试，4点3年平均产量为1 558.5kg/hm²，较对照盐池甜荞增产17.70%。1988—1989年进行生产试验，两年平均产量为1 317.0kg/hm²，较对照当地甜荞增产35.70%。2000—2002年榆荞2号参加第6轮国家甜荞品种区域试验鄂尔多斯试点，3年平均产量为1 870.5kg/hm²，比对照品种平荞2号增产43.80%，居参试品种第1（王永亮，2003）。2007年在宁夏回族自治区固原市农业科学研

榆荞2号

A.盛花期植株　B.成熟期植株　C.盛花期主花序　D.成熟期主果枝　E.种子

究所头营科研基地川旱地参加引种品比试验，榆荞2号折合平均产量为830.0kg/hm²，较对照品种宁荞1号增产31.75%，居参试品种第3（杜燕萍等，2008）。2010年参加内蒙古武川旱作试验站的品比试验，折合平均产量为387.8kg/hm²，比对照品种减产13.64%，居参试品种第6。

【用途】粮用、保健食品等。

榆荞3号

【品种名称】榆荞3号，原名改良-1。

【SSR指纹】0000001000 0000010010 0000100011 0100100000 0000010000 000101（564189271688197）。

【品种来源、育种方法】陕西省榆林市农业学校高立荣等采用回交育种法，用日本荞麦品种信农1号作轮回亲本、内蒙古荞麦822品系作非轮回亲本，连续回交5代，于1994年育成的甜荞品种。1994年通过陕西省农作物品种审定委员会审定，品种审定证书编号：431（陕）号。

【形态特征及农艺性状】品种审定资料表明，榆荞3号全生育期80d，属中熟品种。株型紧凑，株高90～110cm，主茎与分枝顶端花序多而密集，分枝习性弱；花白色，花柱异长，自交不亲和，虫媒传粉；成熟后植株下部红色、中上部黄绿色；籽粒淡棕色、正三棱锥形，棱角明显，千粒重34.0g（张彩霞，2011；段志龙、王常军，2012）。经贵州师范大学荞麦产业技术研究中心2013年测定，榆荞3号千粒重为34.3g，千粒米重为27.6g，果壳率为19.51%。

【抗性特征】抗倒伏，抗落粒性强。

【籽粒品质】品种审定资料表明，榆荞3号籽粒的蛋白质含量为10.21%，粗脂肪含量为1.95%，淀粉含量为68.70%（张彩霞，2011）。2006年经肇庆学院测定，榆荞3号籽粒的清蛋白含量为（39.48±0.37）mg/g，球蛋白含量为（4.87±0.29）mg/g，醇溶蛋白含量为（4.98±0.15）mg/g，谷蛋白含量为（5.67±0.21）mg/g，总蛋白含量为（55.00±1.02）mg/g（刘拥海等，2006）。据中国农业科学院测定，榆荞3号籽粒灰分含量为（24.80±1.20）mg/g，蛋白质含量为（93.00±1.30）mg/g，脂肪含量为（33.40±1.40）mg/g，粗纤维含量为（21.70±3.60）mg/g，总淀粉含量为（715.10±4.80）mg/g（秦培友，2012）。

【适应范围与单位面积产量】适合在陕西省榆林、延安北部一茬种植，延安南部、渭北地区回茬种植。1998—2000年参加陕西省延安市农业科学研究所品种比较试验，3年平均产量为1 753.3kg/hm²，较对照品种北海道增产39.20%。2000年延安市各点生产试验平均产量为1 779.8kg/hm²，比对照品种北海道增产30.80%。2008—2010年甘肃华池县3年引种试验平均产量比对照品种北海道增产11.70%。2008—2010年甘肃示范推广50.0hm²，3年平均单产为1 431.0kg/hm²，较地方种平均增产196.5kg/hm²，增幅为29.00%。

【用途】粮用、保健食品等。

榆荞3号

A.盛花期植株 B.成熟期植株 C.盛花期主花序 D.成熟期主果枝 E.种子

榆 荞 4 号

【品种名称】榆荞4号。

【SSR指纹】0000101000 0000010010 0100100011 1100100100 1000010000 000101（2816006299091973）。

【品种来源、育种方法】陕西省榆林农业学校高立荣等采用两系法，以花柱异长自交不亲和的矮变系与花柱异长自交不亲和的品系恢3相互杂交，培育出的甜荞杂交品种。2009年通过陕西省农作物品种审定委员会鉴定，审定证书编号：陕鉴荞2009001号。

【形态特征及农艺性状】品种鉴定表明，榆荞4号全生育期80d，属中晚熟品种。茎秆绿色、粗壮，成熟后为黄绿色，节间距短，株高90～150cm，单株生长势强，分枝习性强，结实率高；主茎与分枝顶端花序多而集中，花白色，花柱异长，自交不亲和，虫媒传粉；籽粒呈正三梭锥形，表皮褐色，饱满，千粒重32.0～35.0g（王小燕等，2014）。王健胜（2005）农艺性状统计表明，榆荞4号全生育期71d，属中早熟品种。株高78.6cm，主茎分枝数3.2个，主茎节数9.2节，单株粒重3.2g，千粒重30.4g。2011年内蒙古民族大学农学院和内蒙古赤峰市农牧科学研究院资源与环境研究所引种试验表明，榆荞4号全生育期84d，属中熟品种。株高135.7cm，主茎节数14节，主茎分枝数5个，茎粗9.5mm，单株粒数71粒，单株粒重2.0g，千粒重27.3g，籽粒杂粒率8.00%，种子深褐色（唐超等，2014）。2011年甘肃省定西市旱作农业科研推广中心在定西的引种试验表明，榆荞4号全生育期88d，属中熟品种。株高55.0cm，主茎分枝数2.3个，主茎节数7.9节，单株粒数41.5粒，单株粒重2.0g，千粒重28.8g，结实率19.67%（马宁等，2012）。2011年山西省农业科学院高寒区作物研究所引种试验表明，榆荞4号全生育期98d，属中熟品种。株高119.0cm，主茎节数17.0节，一级分枝数4.5个；籽粒褐色，单株粒数142.9粒，单株粒重3.3g，千粒重23.0g（赵萍、康胜，2014）。2012年内蒙古赤峰市农牧科学研究院梁上试验地引种试验表明，榆荞4号全生育期92d，属晚熟品种。株高142.4cm，主茎分枝数6个，主茎节数13节，种子黑色，单株粒数192个，单株粒重2.7g，千粒重27.6g（刘迎春等，2013a）。经贵州师范大学荞麦产业技术研究中心2013年测定，榆荞4号千粒重为25.4g，千粒米重为20.9g，果壳率为17.69%。江苏省推广示范结果表明，榆荞4号全生育期60～65d，属早熟品种。株高85cm，主茎分枝数3.1个，主茎节数9.6节，千粒重32.0g（常庆涛等，2014）。

【抗性特征】抗旱，抗倒伏，耐瘠薄，抗落粒性强，适应性强。2011年内蒙古民族大学农学院和内蒙古赤峰市农牧科学研究院资源与环境研究所引种试验表明，榆荞4号倒伏面积80.00%，属严重倒伏；立枯病普遍率0.66%，蚜虫发生率3.91%（常庆涛等，2014；唐超等，2014）。

【籽粒品质】品种审定资料表明，榆荞4号籽粒的粗蛋白含量为14.24%，粗脂肪含量为2.98%，淀粉含量为66.97%，可溶性糖含量为1.29%，总黄酮含量为0.36%。经陕西师范大学测定，榆荞4号荞麦粉乙醇提取物中的总酚含量为（113.46±4.72）mg/g（姚亚平等，2006）。2011年贵州师范大学荞麦产业技术研究中心测定，榆荞4号在全国19个试点总膳食纤维（TDF）平均含量为20.37%，非水溶性膳食纤维（NSDF）平均含量为14.60%，水溶性膳食纤维（WSDF）平均含量为5.25%（李月等，2013b）。2012年山西农业大学生物工程研究所对种植于山西农业大学农作站的榆荞4号品种花、叶、茎组织芦丁进行了测定，其中，花的芦丁含量为（30.09±2.07）mg/g，叶的芦丁含量为（32.08±3.25）mg/g，茎的芦丁含量为（3.63±0.20）mg/g（郭彬等，2013）。经朱媛媛（2013）测定，榆荞4号籽粒含水量为12.72%，含油量为4.02%，蛋白质含量为10.33%，灰分含量为2.24%；荞壳芦丁含量为（732.29±4.71）μg/g，原花色素含量为（42.29±0.15）μg/g；麸皮芦丁含量为（899.85±2.69）μg/g，原花色素含量为（17.56±0.41）μg/g；荞粉芦丁含量为（128.72±3.40）μg/g，原花色素含量为（7.30±0.10）μg/g。

【**适应范围与单位面积产量**】该品种适合在内蒙古赤峰、奈曼旗，甘肃定西、镇原，河北张家口张百县，宁夏固原、同心、盐池县，山西太原，陕西北部，青海西宁市，以及上述地区的同类生态区种植。2003—2005年，参加全国荞麦品种（系）生产试验，17个试验点中，有11试验点产量居第1，在参试的6个品种中，3年平均产量1 483.1kg/hm²，排名第1，比对照品种平荞2号、北早生分别增产146.6kg/hm²、93.0kg/hm²，达到显著水平。2007—2009年参加全国荞麦区域试验，产量居第1，平均产量比常规品种增产20.0% ~ 40.0%。该品种一般产量为1 500.0 ~ 2 250.0kg/hm²，其中，2010年盐池种植平均产量为3 150.0kg/hm²，陕西靖边县种植高产达到3 900.0kg/hm²。2011年参加内蒙古赤峰市翁牛特旗试验地品比试验，榆荞4号折合平均产量为1 580.1kg/hm²，比对照品种北早生减产12.20%，居参试品种第5。2011年内蒙古民族大学农学院和内蒙古赤峰市农牧科学研究院资源与环境研究所引种

榆荞4号

A.盛花期植株　B.成熟期植株　C.盛花期主花序　D.成熟期主果枝　E.种子

试验表明，榆荞4号平均产量1 330.1kg/hm²，居参试品种第8，比对照品种高家梁甜荞减产45.08%。2011年甘肃省定西市旱作农业科研推广中心在定西的引种试验表明，榆荞4号折合平均产量为1 240.0kg/hm²，比对照品种定甜荞1号减产12.90%，居参试甜荞品种第5（马宁等，2012）。2011—2012年参加全国荞麦品种展示试验，两年平均产量为1 313.4kg/hm²，比参试甜荞平均产量增产1.34%。2012年内蒙古赤峰市农牧科学研究院梁上试验地进行引种试验，榆荞4号折合平均产量为1 761.6kg/hm²，比对照品种GY-09减产9.10%，居参试甜荞品种第6（刘迎春等，2013a）。2013年参加山西省右玉县甜荞引种试验，榆荞4号折合平均产量为1 480.5kg/hm²，比对照品种晋荞麦（甜）3号增产26.50%，居参试品种第2（程树萍，2014）。该品种较适宜种植的省份为陕西（2 955.2kg/hm²）、新疆（2 059.7kg/hm²）、山西（1 806.0kg/hm²）、宁夏（1 746.3kg/hm²）、江苏（1 328.4kg/hm²）、甘肃（1 179.1kg/hm²）、云南（1 179.1kg/hm²）。

【用途】粮用、保健食品等。

晋荞麦（甜）1号

【品种名称】晋荞麦（甜）1号，原名92-1。

【品种来源、育种方法】山西省农业科学院小杂粮研究中心李秀莲副研究员等于1991年以甜荞品系83-230为材料，经^{60}Co-γ射线处理，选择优异变异单株，采用集团选择法育成的甜荞新品种。2000年通过山西省农作物品种审定委员会审定，品种审定证书编号：S326号。

【形态特征及农艺性状】品种审定资料表明，晋荞麦（甜）1号夏播生育期约70d，属中早熟品种。株高85～100cm，绿茎，主茎节数8～10节，主茎分枝数2～3个；花白色，花柱异长，自交不亲和，虫媒传粉；籽粒深褐色，三棱形，单株粒重2.5g，千粒重31.9g（樊冬丽，2003）。抗倒伏栽培试验表明，晋荞麦（甜）1号株高143.6cm，主茎分枝数5.2个，单株粒数48.3粒，单株粒重0.9g，千粒重19.0g（郭志利、孙常青，2007）。山西省农业科学院作物科学研究所栽培试验表明，晋荞麦（甜）1号全生育期68d，属早熟品种。主茎分枝数4.4个，主茎节数15.4节，株高105.8cm；单株花簇数34.1个，结实率24.90%，单株粒重7.0g，千粒重33.3g（张春明等，2011b）。

【抗性特征】抗旱、丰产、稳产，抗荞麦轮纹病，适应范围广。

【籽粒品质】品种鉴定表明，晋荞麦（甜）1号籽粒的粗蛋白含量为10.04%，粗脂肪含量为1.80%，总淀粉含量为77.80%。甘肃省引种测试结果表明，晋荞麦（甜）1号籽粒的粗蛋白含量为14.47%，淀粉含量为58.68%，粗脂肪含量为2.92%，赖氨酸含量为0.79%（刘杰英等，2003）。成都大学生物产业学院测定，晋荞麦（甜）1号籽粒β-谷甾醇含量为0.21mg/g。浙江大学农业与生物技术学院测定，晋荞麦（甜）1号籽粒的芦丁含量为0.01%，清蛋白含量为3.47%，球蛋白含量为0.73%，醇溶蛋白含量为0.24%，谷蛋白含量为1.60%，总蛋白含量为10.10%（文平，2006）。2008年河南工业大学测定，晋荞麦（甜）1号荞麦皮的黄酮含量为30.40mg/g，芦丁含量为4.10mg/g，未检测到槲皮素；荞麦壳的黄酮含量为3.50mg/g，芦丁含量为0.18mg/g，槲皮素含量为0.61mg/g；荞麦粉的黄酮含量为0.40mg/g，芦丁含量为0.14mg/g，未检测到槲皮素。发芽1d的荞麦芽芦丁含量为0.30mg/g，发芽3d的荞麦芽芦丁含量为0.39mg/g，发芽5d的荞麦芽芦丁含量为2.41mg/g，发芽7d的荞麦芽芦丁含量为5.97mg/g（总黄酮含量为79.90mg/g），发芽9d的荞麦芽芦丁含量为7.60mg/g（任顺成、孙军涛，2008）。2010年经山西省农业科学院小杂粮研究中心测定，晋荞麦（甜）1号干种子的硒含量为0.395μg/g（李秀莲等，2011a）。徐笑宇等（2015）测定，晋荞麦（甜）1号籽粒黄酮含量为5.92mg/g。

晋荞麦（甜）1号

A.盛花期植株　B.成熟期植株　C.盛花期主花序　D.成熟期主果枝　E.种子

（照片A—E来自山西农业科学院品质资源研究所崔林、李秀莲）

【适应范围与单位面积产量】适合在山西全省、甘肃省除个别高寒阴湿区外的甜荞麦生产区种植。1994—1996年参加山西省太原市品比试验，其中，1994年平均产量为1 078.5kg/hm²，比对照品种83-230增产22.50%；1995年单产比对照品种增产46.40%；1996年单产为2 233.5kg/hm²，比对照品种增产15.70%。1998年参加山西省生产示范试验，9个试点平均产量为1 549.5kg/hm²，比对照品种增产24.80%，9个试点全部增产。1999年6个试验点平均产量为1 414.5kg/hm²，比对照品种增产22.30%，6个点全部增产，增产率达100.00%（赵建东，2002）。

【用途】粮用、保健食品等。

晋荞麦（甜）3号

【品种名称】晋荞麦（甜）3号，原名B1-1。

【SSR指纹】0110101001 0100110011 1010100011 0100100000 0000010000 000101（29927858472223749）。

【品种来源、育种方法】山西省农业科学院小杂粮研究中心李秀莲等用 ^{60}Co-γ 处理甜荞品系83-230种子，采用集团选择和系统选育相结合的方法，经多年连续定向选择育成的甜荞品种。2006年通过山西省农作物品种审定委员会认定，定名为晋荞麦（甜）3号，品种认定证书编号：晋审荞麦（认）2006001号。

【形态特征及农艺性状】品种审定资料表明，晋荞麦（甜）3号全生育期70～75d，属中早熟品种。株型直立，株高95～100cm，茎秆粗壮、绿色，主茎节数8～10节，一级分枝数2～3个，二级分枝数1～2个；叶色深绿，枝叶繁茂；花白色，花柱异长，自交不亲和，虫媒传粉；果实为三棱形瘦果，棱角明显，外被革质皮壳，表面与边缘光滑，无腹沟，果皮深褐色；单株粒重7.0g，千粒重31.9g，容重726.3g/L（符美兰、李秀莲，2009）。1999—2001年参加山西省荞麦品比试验表明，晋荞麦（甜）3号全生育期65d，属早熟品种。株高100cm，主茎节数15.4节，主茎分枝数4.4个，单株粒重7.0g，千粒重32.0g（张春明等，2011a）。山西省农业科学院作物科学研究所栽培试验表明，晋荞麦（甜）3号全生育期65d，属早熟品种。主茎分枝数4.7个，主茎节数16.4节，株高103.8cm；单株花簇数34.5个，结实率28.90%，单株粒重7.3g，千粒重32.3g（张春明等，2011b）。贵州师范大学荞麦产业技术研究中心2013年测定，晋荞麦（甜）3号千粒重为34.4g，千粒米重为27.9g，果壳率为19.05%。

【抗性特征】抗旱，抗倒，抗病。

【籽粒品质】浙江大学农业与生物技术学院测定，晋荞麦（甜）3号籽粒的芦丁含量为0.018%，清蛋白含量为7.78%，球蛋白含量为0.94%，醇溶蛋白含量为0.24%，谷蛋白含量为1.44%，总蛋白含量为11.95%（文平，2006）。山西省农业科学院作物科学研究所测定，晋荞麦（甜）3号籽粒的粗蛋白含量为10.04%，粗脂肪含量为1.80%，淀粉含量为77.80%。据山西省农业环境监测检测中心、山西省农业科学院农产品综合利用研究所分析，晋荞麦

（甜）3号籽粒的芦丁含量为0.80%，硒含量为0.415μg/g（张春明等，2011a）。

【适应范围与单位面积产量】适合在山西及周边甜荞产区种植（冬小麦区复播，其他区春播）。1999—2001年参加山西省荞麦品比试验，3年平均产量为1 022.3kg/hm²，比对照品系83-230增产8.70%（张春明等，2011a）。2003—2004年参加山西省荞麦新品种生产示范试验，在平遥、五寨、太原、榆次、原平、朔州6点进行试验，2003年晋荞麦（甜）3号平均产量为1 650.0kg/hm²，比对照品种晋荞麦（甜）1号增产14.50%；2004年平均产量为1 884.9kg/hm²，比对照品种增产6.40%。2004—2005年在山西省12点次进行生产示范试验，平均产量为1 777.5kg/hm²，比对照品种增产9.70%。2007年在山西省古交市河口镇大面积示范，平均产量为2 250.0kg/hm²（符美兰、李秀莲，2009）。

【用途】粮用（荞米、荞粉、荞面等）、保健食品、饮料、蔬菜等。

晋荞麦（甜）3号

A.盛花期植株　B.成熟期植株　C.盛花期主花序　D.成熟期主果枝　E.种子

奇台荞麦

【品种名称】奇台荞麦。

【SSR指纹】0000101000 0000010010 0100100011 1100100100 1000010000 010101 (2816006299091989)。

【品种来源、育种方法】新疆农业科学院粮食作物研究所李建疆、曾朝武、梁晓东，以

奇台荞麦

A.盛花期植株 B.成熟期植株 C.盛花期主花序 D.成熟期主果枝 E.种子

新疆奇台县农家品种为原始材料，2009—2010年经过两年提纯复壮选育而成的甜荞品种。该品种于2015年在新疆登记认定，登记编号：新登荞麦2015年42号。

【形态特征及农艺性状】全生育期约72d，属中早熟品种。株高68～75cm，株型松散，主茎分枝数2～3个，主茎基部空心坚实，呈红色；花序紧密呈簇，花朵粉红色，花柱异长，自交不亲和，虫媒传粉；籽粒黑色、褐色、灰色，钝粒，光滑，无沟槽，无刺，无翅；结实率约25.00%，平均单株粒数约为98粒，单株粒重约2.8g，千粒重约30.8g，容重约653.0g/L。经贵州师范大学荞麦产业技术研究中心2013年测定，奇台荞麦千粒重为30.2g，千粒米重为25.1g，果壳率为17.07%。

【抗性特征】中度抗倒伏，抗旱性较好，轻度落粒。

【籽粒品质】未检测。

【适应范围与单位面积产量】适合在新疆冬麦区夏播种植（冬麦收获后麦茬复播）。2011—2012年在新疆奇台县参加品种比较试验，两年折合平均产量为1 296.0kg/hm²。2014年参加新疆荞麦区域试验，折合平均产量为1 243.0kg/hm²；参加新疆奇台生产试验，折合单产为1 498.2kg/hm²。

【用途】粮用（苦荞米、荞粉、荞面等）、保健食品等。

第二章 甜荞地方品种（系）

第一节 甜荞地方品种（系）（南方组）

藏 县 甜 荞

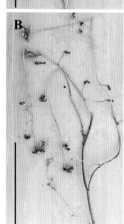

【品种名称】藏县甜荞。

【品种来源、育种方法】四川藏县甜荞地方品种。贵州师范大学荞麦产业技术研究中心种质资源库统一编号为E23。

【形态特征及农艺性状】主茎3～5分枝，株高70～90cm；花蕾粉红花，开放花朵正面白色，花柱异长，自交不亲和，虫媒传粉，黑粒。经贵州师范大学荞麦产业技术研究中心柏杨村试验站考察，该品种千粒重27.8g。

【抗性特征】贵州师范大学荞麦产业技术研究中心柏杨村试验站未见病害。

【用途】粮用、保健食品等。

藏县甜荞
A.盛花期植株 B.成熟期植株
C.盛花期主花序 D.成熟期主果枝
E.种子

理 县 甜 荞

【品种名称】理县甜荞。

【品种来源、育种方法】四川理县甜荞地方品种。贵州师范大学荞麦产业技术研究中心种质资源库统一编号为E156。

【形态特征及农艺性状】主茎4～6分枝，茎秆红色，株高70～90cm；粉红花，花柱异长，自交不亲和，虫媒传粉；黑粒。经贵州师范大学荞麦产业技术研究中心柏杨村试验站考察，该品种千粒重26.0g。

【抗性特征】贵州师范大学荞麦产业技术研究中心柏杨村试验站未见病害。

【用途】粮用、保健食品等。

理县甜荞

A.盛花期植株　B.成熟期植株　C.盛花期主花序　D.成熟期主果枝　E.种子

茂 县 甜 荞

【品种名称】茂县甜荞。

【品种来源、育种方法】四川茂县甜荞地方品种。贵州师范大学荞麦产业技术研究中心种质资源库统一编号为E28。

【形态特征及农艺性状】主茎3～5分枝，茎秆红色，株高60～80cm；粉红花，花柱异长，自交不亲和，虫媒传粉，黑粒。经贵州师范大学荞麦产业技术研究中心柏杨村试验站考察，该品种千粒重27.3g。

【抗性特征】贵州师范大学荞麦产业技术研究中心柏杨村试验站未见病害。

【用途】粮用、保健食品等。

茂县甜荞

A.盛花期植株　B.成熟期植株　C.盛花期主花序　D.成熟期主果枝　E.种子

大方白花甜荞

【品种名称】大方白花甜荞。

【品种来源、育种方法】贵州大方甜荞地方品种。贵州师范大学荞麦产业技术研究中心种质资源库统一编号为E41。

【形态特征及农艺性状】主茎3～5分枝，茎秆绿色，株高60～80cm；白花，花柱异长，自交不亲和，虫媒传粉，黑粒。经贵州师范大学荞麦产业技术研究中心柏杨村试验站考察，该品种千粒重32.7g。

【抗性特征】贵州师范大学荞麦产业技术研究中心柏杨村试验站未见病害。

【用途】粮用、保健食品等。

大方白花甜荞

A.盛花期植株 B.成熟期植株 C.盛花期主花序 D.成熟期主果枝 E.种子

大方红花甜荞

【品种名称】大方红花甜荞。

【品种来源、育种方法】贵州大方甜荞地方品种。贵州师范大学荞麦产业技术研究中心种质资源库统一编号为E50。

【形态特征及农艺性状】主茎3～5分枝，茎秆绿色，株高60～80cm；花蕾粉红色，开放花朵正面白色、背面粉红花，花柱异长，自交不亲和，虫媒传粉，籽粒黑色。经贵州师范大学荞麦产业技术研究中心柏杨村试验站考察，该品种千粒重31.9g。

【抗性特征】贵州师范大学荞麦产业技术研究中心柏杨村试验站未见病害。

【用途】粮用、保健食品等。

大方红花甜荞

A.盛花期植株　B.成熟期植株　C.盛花期主花序　D.成熟期主果枝　E.种子

和平村甜荞

【**品种名称**】和平村甜荞。

【**品种来源、育种方法**】贵州赫章县和平村甜荞地方品种。贵州师范大学荞麦产业技术研究中心种质资源库统一编号为E71。

【**形态特征及农艺性状**】主茎3～5分枝，茎秆红色，株高60～80cm；花蕾粉红色，开放花朵正面白色、背面粉红花，花柱异长，自交不亲和，黑粒。经贵州师范大学荞麦产业技术研究中心柏杨村试验站考察，该品种千粒重29.8g。

【**抗性特征**】贵州师范大学荞麦产业技术研究中心柏杨村试验站未见病害。

【**用途**】粮用、保健食品等。

和平村甜荞

A.盛花期植株　B.成熟期植株　C.盛花期主花序　D.成熟期主果枝　E.种子

赫 章 甜 荞

【品种名称】赫章甜荞。

【品种来源、育种方法】贵州赫章红花甜荞地方品种。贵州师范大学荞麦产业技术研究中心种质资源库保存编号为E68。

【形态特征及农艺性状】主茎分枝数3 ~ 5个，茎秆红色，株高60 ~ 80cm；花被片正反面粉红色，花柱异长，自交不亲和，虫媒传粉；籽粒褐色或黑色。经贵州师范大学荞麦产业技术研究中心柏杨村试验站考察，该品种千粒重为28.5g。

【抗性特征】据贵州师范大学荞麦产业技术研究中心测定，赫章甜荞具有较强的耐铝毒胁迫能力（潘守举等，2008）。贵州师范大学荞麦产业技术研究中心2013年柏杨村试验站未见病害。

【用途】粮用、保健食品等。

赫章甜荞
A.盛花期植株 B.成熟期植株
C.盛花期主花序 D.成熟期主果枝
E.种子

龙 山 甜 荞

【品种名称】龙山甜荞。

【品种来源、育种方法】贵州威宁县龙山甜荞地方品种。贵州师范大学荞麦产业技术研究中心种质资源库统一编号为E60。

【形态特征及农艺性状】主茎分枝数3～5个，茎秆红色，株高60～80cm；花蕾粉红色，花朵正面白色，花柱异长，自交不亲和，虫媒传粉，籽粒褐色或黑色。经贵州师范大学荞麦产业技术研究中心柏杨村试验站考察，该品种千粒重29.9g。凤凰县荞麦引种试验表明，龙山甜荞单株粒数261粒，单株粒重6.0g（杨永宏，1994）。

【抗性特征】贵州师范大学荞麦产业技术研究中心柏杨村试验站未见病害。凤凰县引种试验表明，龙山甜荞综合抗性良好（杨永宏，1994）。

【适应范围与单位面积产量】凤凰县荞麦引种试验表明，龙山甜荞平均产量为1 326.9kg/hm^2，居参试品种第1（杨永宏，1994）。

【用途】粮用、保健食品等。

龙山甜荞
A.盛花期植株 B.成熟期植株
C.盛花期主花序 D.成熟期主果枝
E.种子

木 甜 荞

【品种名称】木甜荞。

【品种来源、育种方法】贵州赫章甜荞地方品种。贵州师范大学荞麦产业技术研究中心种质资源库统一编号为E63。

【形态特征及农艺性状】主茎3～5分枝，秆红色，株高60～80cm；花被片正反面粉红色，花柱异长，自交不亲和，虫媒传粉；籽粒褐色或黑色。经贵州师范大学荞麦产业技术研究中心柏杨村试验站考察，该品种千粒重28.7g。

【抗性特征】贵州师范大学荞麦产业技术研究中心柏杨村试验站未见病害。

【用途】粮用、保健食品等。

木甜荞
A.盛花期植株　B.成熟期植株　C.盛花期主花序　D.成熟期主果枝　E.种子

纳 雍 甜 荞

【品种名称】纳雍甜荞。

【品种来源、育种方法】贵州纳雍甜荞地方品种。贵州师范大学荞麦产业技术研究中心种质资源库统一编号为E22。

【形态特征及农艺性状】主茎3～5分枝，秆红色，株高60～80cm；花被片正反面粉红色，花柱异长，自交不亲和，虫媒传粉；黑粒。经贵州师范大学荞麦产业技术研究中心柏杨村试验站考察，该品种千粒重22.6g。

【抗性特征】贵州师范大学荞麦产业技术研究中心柏杨村试验站未见病害。

【用途】粮用、保健食品等。

纳雍甜荞
A.盛花期植株　B.成熟期植株　C.盛花期主花序　D.成熟期主果枝　E.种子

黔 西 甜 荞

【品种名称】黔西甜荞。

【品种来源、育种方法】贵州黔西县甜荞地方品种。贵州师范大学荞麦产业技术研究中心种质资源库统一编号为E1。

【形态特征及农艺性状】主茎3～5分枝，秆红色，株高60～80cm；花被片正反面粉红色，花柱异长，自交不亲和，虫媒传粉；籽粒黑色。经贵州师范大学荞麦产业技术研究中心柏杨村试验站考察，该品种千粒重23.0g。

【抗性特征】贵州师范大学荞麦产业技术研究中心柏杨村试验站未见病害。

【用途】粮用、保健食品等。

黔西甜荞

A.盛花期植株　B.成熟期植株　C.盛花期主花序　D.成熟期主果枝　E.种子

石　甜　荞

【品种名称】石甜荞。

【品种来源、育种方法】贵州赫章甜荞地方品种。

【形态特征及农艺性状】主茎3～5分枝，秆红色，株高60～80cm；花白色，花柱异长，自交不亲和，虫媒传粉；籽粒黑色或灰色。经贵州师范大学荞麦产业技术研究中心柏杨村试验站考察，该品种千粒重30.2g。

【抗性特征】贵州师范大学荞麦产业技术研究中心柏杨村试验站未见病害。

【用途】粮用、保健食品等。

石甜荞

A.盛花期植株　B.成熟期植株　C.盛花期主花序　D.成熟期主果枝　E.种子

水城梅乡甜荞

【品种名称】水城梅乡甜荞。

【品种来源、育种方法】贵州水城梅乡甜荞地方品种。贵州师范大学荞麦产业技术研究中心种质资源库统一编号为E18。

【形态特征及农艺性状】主茎3～5分枝，秆红色，株高60～80cm；粉红花，花柱异长，自交不亲和，虫媒传粉；籽粒黑色或灰色。经贵州师范大学荞麦产业技术研究中心柏杨村试验站考察，该品种千粒重27.5g。

【抗性特征】贵州师范大学荞麦产业技术研究中心柏杨村试验站未见病害。

【用途】粮用、保健食品等。

水城梅乡甜荞

A.盛花期植株　B.成熟期植株　C.盛花期主花序　D.成熟期主果枝　E.种子

威宁白花甜荞

【品种名称】威宁白花甜荞。

【品种来源、育种方法】贵州威宁甜荞地方品种。

【形态特征及农艺性状】主茎分枝数3～5个，茎秆绿色，株高60～80cm；花白色，花柱异长，自交不亲和，虫媒传粉；籽粒黑色或褐色。经贵州师范大学荞麦产业技术研究中心柏杨村试验站考察，该品种千粒重31.8g。2011年山西省农业科学院高寒区作物研究所引种试验表明，威宁白花甜荞全生育期101d，属晚熟品种。株高116cm，主茎节数15.5节，一级分枝数4.3个；籽粒褐色，单株粒数101.4粒，单株粒重2.2g，千粒重21.8g（赵萍、康胜，2014）。2011年内蒙古民族大学农学院和内蒙古赤峰市农牧科学研究院资源与环境研究所引种试验表明，威宁白花甜荞全生育期88d，属中熟品种。株高176.4cm，主茎节数14节，主茎分枝数6个，茎粗9.4mm，单株粒数72粒，单株粒重1.9g，千粒重24.7g，籽粒杂粒率16.50%，种子深褐色（唐超等，2014）。

【抗性特征】贵州师范大学荞麦产业技术研究中心2013年柏杨村试验站未见病害。2011年内蒙古民族大学农学院和内蒙古赤峰市农牧科学研究院资源与环境研究所引种试验表明，威宁白花甜荞倒伏面积30.00%，属中等倒伏；立枯病普遍率0.45%，蚜虫发生率2.11%（唐超等，2014）。

【适应范围与单位面积产量】2011年内蒙古民族大学农学院和内蒙古赤峰市农牧科学研究院资源与环境研究所引种试验表明，威宁白花甜荞平均产量为1 261.1kg/hm²，居参试品种第9，比对照品种高家梁甜荞减产47.97%（唐超等，2014）。

【用途】粮用、保健食品等。

威宁白花甜荞
A.盛花期植株 B.成熟期植株 C.盛花期主花序
D.成熟期主果枝 E.种子

威宁红花甜荞

【品种名称】威宁红花甜荞。

【品种来源、育种方法】贵州威宁红花甜荞地方品种。

【形态特征及农艺性状】主茎3～5分枝，秆红色，株高60～80cm；粉红花蕾，开放花朵正面白色，花柱异长，自交不亲和，虫媒传粉；籽粒黑色或褐色。经贵州师范大学荞麦产业技术研究中心柏杨村试验站考察，该品种千粒重27.9g。

【抗性特征】贵州师范大学荞麦产业技术研究中心柏杨村试验站未见病害。

【籽粒品质】徐笑宇等（2015）测定，威宁红花甜荞籽粒黄酮含量为5.62mg/g。

【用途】粮用、保健食品等。

威宁红花甜荞

A.盛花期植株　B.成熟期植株　C.盛花期主花序　D.成熟期主果枝　E.种子

威宁雪山红花甜荞

【品种名称】威宁雪山红花甜荞。

【品种来源、育种方法】贵州威宁甜荞地方品种。贵州师范大学荞麦产业技术研究中心种质资源库统一编号为E70。

【形态特征及农艺性状】主茎3～5分枝，秆红色，株高60～80cm；粉红花蕾，开放花朵正面白色，花柱异长，自交不亲和，虫媒传粉；籽粒褐色或黑色。经贵州师范大学荞麦产业技术研究中心柏杨村试验站考察，该品种千粒重31.0g。

【抗性特征】贵州师范大学荞麦产业技术研究中心柏杨村试验站未见病害。

【用途】粮用、保健食品等。

威宁雪山红花甜荞

A.盛花期植株　B.成熟期植株　C.盛花期主花序　D.成熟期主果枝　E.种子

织 金 大 轮 荞

【品种名称】织金大轮荞。

【品种来源、育种方法】贵州织金甜荞地方品种。

【形态特征及农艺性状】主茎3～5分枝，秆绿色，株高60～80cm；粉红花蕾，开放花朵正面白色，花柱异长，自交不亲和，虫媒传粉；籽粒黑色或褐色。经贵州师范大学荞麦产业技术研究中心柏杨村试验站考察，该品种千粒重30.2g。

【抗性特征】贵州师范大学荞麦产业技术研究中心柏杨村试验站未见病害。

【用途】粮用、保健食品等。

织金大轮荞
A.盛花期植株　B.成熟期植株　C.盛花期主花序　D.成熟期主果枝　E.种子

遵 义 壳 荞

【品种名称】遵义壳荞。

【品种来源、育种方法】贵州遵义甜荞地方品种。贵州师范大学荞麦产业技术研究中心种质资源库统一编号为E40。

【形态特征及农艺性状】主茎3～5分枝，秆绿色，株高60～80cm；粉红花蕾，开放花朵正面白色，花柱异长，自交不亲和，虫媒传粉；成熟籽粒黑色。经贵州师范大学荞麦产业技术研究中心柏杨村试验站考察，该品种千粒重27.7g。

【抗性特征】贵州师范大学荞麦产业技术研究中心柏杨村试验站未见病害。

【用途】粮用、保健食品等。

遵义壳荞

A.盛花期植株　B.成熟期植株　C.盛花期主花序　D.成熟期主果枝　E.种子

遵义甜荞

【品种名称】遵义甜荞。

【品种来源、育种方法】贵州遵义甜荞地方品种。贵州师范大学荞麦产业技术研究中心种质资源库统一编号为E159。

【形态特征及农艺性状】主茎分枝3～5个，秆绿色，株高60～80cm；粉红花蕾，开放花朵正面白色，花柱异长，自交不亲和，虫媒传粉；黑粒。经贵州师范大学荞麦产业技术研究中心柏杨村试验站考察，该品种千粒重29.6g。

【抗性特征】贵州师范大学荞麦产业技术研究中心柏杨村试验站未见病害。

【用途】粮用、保健食品等。

遵义甜荞

A.盛花期植株　B.成熟期植株　C.盛花期主花序　D.成熟期主果枝　E.种子

庆尚北道荞麦

【品种名称】庆尚北道荞麦。

【品种来源、育种方法】从韩国引进的甜荞品种。

【形态特征及农艺性状】主茎3～5分枝，秆绿色，株高60～80cm；花朵白色，花柱异长，自交不亲和，虫媒传粉；褐粒或灰粒。经贵州师范大学荞麦产业技术研究中心柏杨村试验站考察，该品种千粒重29.1g。

【抗性特征】贵州师范大学荞麦产业技术研究中心柏杨村试验站未见病害。

【用途】粮用、保健食品等。

庆尚北道荞麦

A.盛花期植株 B.成熟期植株 C.盛花期主花序 D.成熟期主果枝 E.种子

大 理 甜 荞

【品种名称】 大理甜荞。

【品种来源、育种方法】 云南省大理市甜荞地方品种。

【形态特征及农艺性状】 主茎3～5分枝，秆红色，株高60～80cm；花朵粉红色，花柱异长，自交不亲和，虫媒传粉；黑粒。经贵州师范大学荞麦产业技术研究中心柏杨村试验站考察，该品种千粒重28.9g。

【抗性特征】 贵州师范大学荞麦产业技术研究中心柏杨村试验站未见病害。

【用途】 粮用、保健食品等。

大理甜荞

A.盛花期植株　B.成熟期植株　C.盛花期主花序　D.成熟期主果枝　E.种子

鲁甸红花甜荞

【品种名称】鲁甸红花甜荞。

【品种来源、育种方法】云南鲁甸甜荞地方品种。贵州师范大学荞麦产业技术研究中心种质资源库统一编号为E37。

【形态特征及农艺性状】主茎3～5分枝，秆红色，株高60～80cm；花蕾粉红色，开放花朵正面白色，花柱异长，自交不亲和，虫媒传粉；黑粒。经贵州师范大学荞麦产业技术研究中心柏杨村试验站考察，该品种千粒重29.0g。

【抗性特征】贵州师范大学荞麦产业技术研究中心柏杨村试验站未见病害。

【用途】粮用、保健食品等。

鲁甸红花甜荞

A.盛花期植株　B.成熟期植株　C.盛花期主花序　D.成熟期主果枝　E.种子

琼结甜荞

【品种名称】琼结甜荞。

【品种来源、育种方法】西藏山南地区农业科学研究所吴银云等从西藏山南地区琼结县下水乡甜荞地方品种经混合选育而成。

【形态特征及农艺性状】山南地区农业科学研究所试验基地栽培试验表明，全生育期111d，属晚熟品种。株高94～116cm，主茎分枝数3～6个，主茎呈暗红色或绿色，主茎基部空心坚实；花序紧密呈簇，花红色，花柱异长，自交不亲和，虫媒传粉；籽粒黑色，长尖粒，光滑，无沟槽，无刺，无翅，单株粒数184.6粒，单株粒重5.7g，千粒重31.1g。

【抗性特征】较抗病虫害，抗旱性和抗倒伏性较强。

【适应范围与单位面积产量】适宜在西藏山南地区沿江及低海拔地区种植或复种。2013年在国家现代农业产业技术体系荞麦品种展示试验中作为对照品种，平均产量为744.8kg/hm²，居参试品种第6；2014年在国家现代农业产业技术体系荞麦品种展示试验中作为对照品种，平均产量为1 143.3kg/hm²，居参试品种第9。

【用途】粮用（荞米、荞粉、荞面等）、保健食品等。

琼结甜荞

A.盛花期植株　B.成熟期植株　C.盛花期主花序

D.成熟期主果枝　E.种子

（图A—E来自西藏山南地区农业科学研究所吴银云）

凤凰甜荞

【品种名称】凤凰甜荞。

【品种来源、育种方法】湖南凤凰县甜荞地方品种。

【形态特征及农艺性状】主茎3～5分枝,秆红色,株高60～80cm;花蕾浅粉红,开放花朵白色,花柱异长,自交不亲和,虫媒传粉;籽粒黑色。王健胜(2005)农艺性状统计表明,凤凰甜荞全生育期78d,属中熟品种。株高132cm,主茎分枝数5个,主茎节数14.7节,单株粒重4.1g。经贵州师范大学荞麦产业技术研究中心柏杨村试验站考察,该品种千粒重27.8g。

【抗性特征】贵州师范大学荞麦产业技术研究中心柏杨村试验站未见病害。

【籽粒品质】2003年山西省农业科学研究院小杂粮研究中心测定,凤凰甜荞籽粒的芦丁含量为0.84%。

【用途】粮用、保健食品等。

凤凰甜荞
A.盛花期植株 B.成熟期植株
C.盛花期主花序 D.成熟期主果枝
E.种子

泰 兴 荞 麦

【品种名称】泰兴荞麦。

【品种来源】江苏泰兴市甜荞地方品种。由泰州市旱地作物研究所常庆涛等于1997年从泰兴地区甜荞地方品种筛选而成。

【形态特征及农艺性状】经泰州市旱地作物研究所本部试点调查，全生育期68d，属中早熟品种。株高95～110cm，主茎分枝数3～5个，主茎基部空心坚实，株型紧凑；花序紧密呈簇，花朵白色，花柱异长，自交不亲和，虫媒传粉；籽粒褐色，光滑，棱尖，无沟槽，无刺，无翅，不落粒，单株粒数91粒，单株粒重1.6g，千粒重16.8g。2013年泰兴市荞麦品种比较试验结果表明，泰兴荞麦全生育期75d，属中早熟品种。株高101.7cm，主茎分枝数3.1个，主茎节数11.2节，单株粒数103.6粒，千粒重17.8g（李咏等，2014）。

【抗性特征】较抗病虫害，耐涝性强，抗旱性和抗倒伏性较强。2013年泰兴市荞麦品种比较试验结果表明，泰兴荞麦倒伏程度4级，倒伏率80.00%（李咏等，2014）。2014年江苏省荞麦新品种鉴定试验表明，轻微倒伏，倒伏面积11.00%，抗立枯病。

【籽粒品质】2014年经贵州省流通环节食品安全检验中心测试，泰兴荞麦籽粒蛋白质含量为12.10%，黄酮含量为0.11%。

【适应范围与产量水平】适合在江苏、安徽荞麦产区种植。2011—2014年参加全国荞麦品种展示试验，在江苏泰兴试点2011年平均产量为820.0kg/hm²，居参试品种第1；2012年平均产量为1752.3kg/hm²，居参试品种第4；2013年平均产量为1801.5kg/hm²，居参试品种第5；2014年平均产量为1374.0kg/hm²，居参试品种第1（全国农业技术推广服务中心，2015b）。2013年泰兴市荞麦品种比较试验结果表明，泰兴荞麦作为对照品种，折合平均产量为1680.0kg/hm²，居参试品种第3（李咏等，2014）。2014年参加江苏省荞麦新品种鉴定试验，在全省不同地区6个试点平均产量为1383.0kg/hm²，居参试品种第3。

【用途】粮用（荞麦面粉、荞麦米）、酿酒、荞麦枕头等。

泰兴荞麦
A.盛花期植株　B.盛花期主花序　C.成熟期种子
（图A—C来自泰州市旱地作物研究所常庆涛）

第二节　甜荞地方品种（系）（北方组）

库伦大三棱

【品种名称】 库伦大三棱。

【品种来源、育种方法】 内蒙古通辽市库伦旗甜荞地方品种。

【形态特征及农艺性状】 全生育期70d左右，属中早熟品种。主茎分枝数3～4个，主茎木质空心不坚实、暗红色，株高90～110cm，抗逆性强，株型紧凑；花序紧密呈簇，花朵

库伦大三棱

A.盛花期植株　B.成熟期植株　C.盛花期主花序　D.成熟期主果枝　E.种子

（图A—E来自内蒙古通辽市农业科学研究院呼瑞梅）

白色，花柱异长，自交不亲和，虫媒传粉；单株粒数123粒，单株粒重3.9g，籽粒黑灰色、粒大、三棱形，千粒重32.0g。

【抗性特征】中等抗旱，中等抗倒，抗病性较强。

【籽粒品质】经国家进出库商品检验局测定，库伦大三棱籽粒蛋白质含量为10.3% ～ 11.9%，淀粉含量为63.3% ～ 75.0%，粗纤维含量为10.3% ～ 13.8%，出粉率55.00% ～ 60.00%。

【适应范围与单位面积产量】适合在内蒙古荞麦产区及四川省苦荞麦种植区种植。当地大面积栽培，单位面积产量为2 250.0kg/hm²，最高可达3 600.0kg/hm²。

【用途】加工荞麦面精粉、荞麦粉、荞麦挂面，酿造荞麦酒。

库 伦 小 三 棱

【品种名称】库伦小三棱。

【SSR指纹】0000101001 0100010010 0000100011 1100100000 0000010000 000001（2903950049149953）。

【品种来源、育种方法】内蒙古通辽市库伦旗甜荞地方品种。

【形态特征及农艺性状】全生育期70d左右，属中早熟品种。主茎分枝数5 ～ 6个，主茎基部空心不坚实，主茎暗红色，株高90 ～ 100cm，株型松散；花序紧密呈簇，花朵白色，花柱异长，自交不亲和，虫媒传粉；单株粒数78粒，单株粒重2.4g，籽粒黑色光滑，千粒重29.8g。第6轮国家甜荞品种区域试验鄂尔多斯试点测试表明，库伦小三棱全生育期78d，属中熟品种。株高44.5cm，主茎分枝数4个，主茎节数10.4节，单株粒重1.6g，千粒重26.6g（王永亮，2003）。王健胜（2005）农艺性状统计表明，库伦小三棱全生育期75d，属中熟品种。株高75.9cm，主茎分枝数4.9个，主茎节数11.2节，单株粒重3.6g，千粒重28.0g。2012年甘肃省定西市农业科学研究院甜荞品种比较试验表明，内蒙古小三棱全生育期88d，属中熟品种。株高97.0cm，主茎分枝4.2个，主茎节数7.3节，种子红褐色、三棱形，单株粒重1.1g，千粒重25.0g（贾瑞玲等，2014）。经贵州师范大学荞麦产业技术研究中心2013年测定，库伦小三棱千粒重为35.2g，千粒米重为28.5g，果壳率为19.19%。

【抗性特征】抗旱性和抗倒伏性较强，抗病性中等。

【籽粒品质】2010年经山西省农业科学院小杂粮研究中心测定，库伦小三棱干种子的硒含量为0.321μg/g（李秀莲等，2011a）。经浙江大学农业与生物技术学院测定，库伦小三棱籽粒的芦丁含量为0.011%，清蛋白含量为4.06%，球蛋白含量为0.88%，醇溶蛋白含量为0.34%，谷蛋白含量为1.40%，总蛋白含量为10.36%（文平，2006）。杨志清（2009）测定，采集自通辽市的小三棱种子芦丁含量为0.186%、蛋白质含量为13.64%、维生素C含量为0.31μg/g，荞麦芽芦丁含量为2.164%、蛋白质含量为27.26%、维生素C含量为19.38μg/g；采集自赤峰市的小三棱种子芦丁含量为0.129%、蛋白质含量为11.99%、维生素C含量为

0.23μg/g，荞麦芽芦丁含量为1.849%、蛋白质含量为25.73%、维生素C含量为18.96μg/g。

【适应范围与单位面积产量】适合在沙壤土荞麦种植区种植。2000—2002年库伦小三棱参加第6轮国家甜荞品种区域试验鄂尔多斯测试，3年平均产量为1 120.5kg/hm²，比对照品种平荞2号减产13.80%，居参试品种第6（王永亮，2003）。2010年参加内蒙古武川旱作试验站的品比试验，折合平均产量为1 296.0kg/hm²，比对照品种增产18.64%，居参试品种第2。2012年甘肃省定西市农业科学研究院甜荞品种比较试验表明，库伦小三棱折合平均产量为1 660.0kg/hm²，比对照品种定甜荞1号减产18.23%，居参试品种第7（贾瑞玲等，2014）。

【用途】加工荞麦面精粉、荞麦粉、荞麦挂面，酿造荞麦酒。

库伦小三棱

A.盛花期植株　B.成熟期植株　C.盛花期主花序　D.成熟期主果枝　E.种子

本地大粒甜荞

【品种名称】 本地大粒甜荞。

【品种来源、育种方法】 内蒙古通辽市甜荞地方品种。

【形态特征及农艺性状】 主茎3～5分枝，秆绿色，株高60～70cm；花朵白色，花柱异长，自交不亲和，虫媒传粉；黑粒。经贵州师范大学荞麦产业技术研究中心柏杨村试验站考察，该品种千粒重37.8g。

【抗性特征】 贵州师范大学荞麦产业技术研究中心柏杨村试验站未见病害。

【用途】 粮用、保健食品等。

本地大粒甜荞

A.盛花期植株　B.成熟期植株　C.盛花期主花序　D.成熟期主果枝　E.种子

本地小粒甜荞

【**品种名称**】本地小粒甜荞。

【**品种来源、育种方法**】通辽市甜荞地方品种。

【**形态特征及农艺性状**】主茎3 ~ 5分枝，秆绿色，株高60 ~ 90cm；花朵白色，花柱异长，自交不亲和，虫媒传粉；黑粒或灰粒。经贵州师范大学荞麦产业技术研究中心柏杨村试验站考察，该品种千粒重27.4g。

【**抗性特征**】贵州师范大学荞麦产业技术研究中心柏杨村试验站未见病害。

【**用途**】粮用、保健食品等。

本地小粒甜荞

A.盛花期植株 B.成熟期植株 C.盛花期主花序 D.成熟期主果枝 E.种子

高家梁甜荞

【品种名称】高家梁甜荞。

【品种来源、育种方法】内蒙古赤峰市高家梁甜荞地方品种。

【形态特征及农艺性状】主茎3～5分枝，秆绿色，株高60～80cm；花朵白色，花柱异长，自交不亲和，虫媒传粉；黑粒或灰粒。经贵州师范大学荞麦产业技术研究中心柏杨村试验站考察，该品种千粒重31.9g。

【抗性特征】贵州师范大学荞麦产业技术研究中心柏杨村试验站未见病害。

【用途】粮用、保健食品等。

高家梁甜荞

A.盛花期植株　B.成熟期植株　C.盛花期主花序　D.成熟期主果枝　E.种子

蒙　0207

【品种名称】蒙0207。

【品种来源、育种方法】内蒙古甜荞地方品种。

【形态特征及农艺性状】主茎3～5分枝，秆绿色，株高60～80cm；花朵白色，花柱异长，自交不亲和，虫媒传粉；籽粒黑色或灰色。经贵州师范大学荞麦产业技术研究中心柏杨村试验站考察，该品种千粒重36.8g。

【抗性特征】贵州师范大学荞麦产业技术研究中心柏杨村试验站未见病害。

【用途】粮用、保健食品等。

蒙0207

A.盛花期植株　B.成熟期植株　C.盛花期主花序　D.成熟期主果枝　E.种子

甜 荞 0103-3

【品种名称】甜荞0103-3。

【品种来源、育种方法】内蒙古农牧科学研究院培育的甜荞品系。

【形态特征及农艺性状】主茎3～5分枝，秆红色，株高60～80cm；花朵白色，花柱异长，自交不亲和，虫媒传粉；黑粒或灰粒。经贵州师范大学荞麦产业技术研究中心柏杨村试验站考察，该品种千粒重29.5g。

【抗性特征】贵州师范大学荞麦产业技术研究中心柏杨村试验站未见病害。

【用途】粮用、保健食品等。

甜荞0103-3

A.盛花期植株　B.成熟期植株　C.盛花期主花序　D.成熟期主果枝　E.种子

张家口甜荞

【品种名称】张家口甜荞。

【品种来源、育种方法】张家口市农业科学院左文博、田长叶等于2010年收集张家口地区种植的农家甜荞品种，经栽培选育而成。

【形态特征及农艺性状】经在张家口市农业科学院张北煤矿试验基地栽培考察，全生育期109d，属晚熟品种。株高105～155cm，主茎分枝数3～6个，主茎呈暗红色或绿色，主茎基部空心坚实；株型紧凑；花序紧密呈簇，花白色，花柱异长，自交不亲和，虫媒传粉；籽粒棕黑色，钝粒，光滑，无沟槽，无刺，无翅，不落粒，千粒重30.7g，平均单株粒数为135粒，单株粒重3.5g。

【抗性特征】较抗病虫害，抗旱性较强，抗倒伏性较差。

【籽粒品质】籽粒粗蛋白质含量为13.39%，粗脂肪含量3.20%，粗淀粉含量65.88%，粗纤维含量1.57%，黄酮含量为0.31%，水分含量9.95%。

【适应范围与单位面积产量】适合在河北省张家口坝上地区以及与其相似地区种植。2011年参加张家口市区域试验平均产量为1 426.9kg/hm²，比对照增产12.90%；2012年参加张家口市区域试验平均产量为1 470.1kg/hm²，比对照增产14.20%；两年区域试验平均产量为1 448.5kg/hm²，比对照增产13.50%，10点次8增2减。

【用途】粮用（荞米、荞粉、荞面等）、保健食品等。

张家口甜荞

A.盛花期植株　B.成熟期植株　C.盛花期主花序

D.成熟期主果枝　E.种子

（图A—C来自张家口市农业科学院左文博、田长叶）

淳 化 甜 荞

【**品种名称**】淳化甜荞。

【**品种来源、育种方法**】陕西淳化地方甜荞品种。贵州师范大学荞麦产业技术研究中心种质资源库统一编号为E29。

【**形态特征及农艺性状**】主茎3～5分枝，秆绿色，株高60～80cm；花朵白色，花柱异长，自交不亲和，虫媒传粉；黑粒。经贵州师范大学荞麦产业技术研究中心柏杨村试验站考察，该品种千粒重34.1g。

【**抗性特征**】贵州师范大学荞麦产业技术研究中心柏杨村试验站未见病害。

【**用途**】粮用、保健食品等。

淳化甜荞

A.盛花期植株　B.成熟期植株　C.盛花期主花序　D.成熟期主果枝　E.种子

平鲁荞麦

【品种名称】平鲁荞麦。

【品种来源、育种方法】山西平鲁甜荞地方品种。贵州师范大学荞麦产业技术研究中心种质资源库统一编号为E179。

【形态特征及农艺性状】主茎暗红色，4～6分枝；花朵白色，花柱异长，自交不亲和，虫媒传粉。籽粒褐色或灰色。经贵州师范大学荞麦产业技术研究中心柏杨村试验站考察，该品种千粒重35.8g。

【抗性特征】贵州师范大学荞麦产业技术研究中心柏杨村试验站未见病害。

【用途】粮用、保健食品等。

平鲁荞麦

A.盛花期植株　B.成熟期植株　C.盛花期主花序　D.成熟期主果枝　E.种子

寿 阳 甜 荞

【品种名称】寿阳甜荞。

【品种来源、育种方法】山西寿阳甜荞地方品种。贵州师范大学荞麦产业技术研究中心种质资源库统一编号为E180。

【形态特征及农艺性状】主茎3～5分枝，暗红色，高60～80cm；花朵白色，花柱异长，自交不亲和，虫媒传粉；黑粒或灰褐粒。经贵州师范大学荞麦产业技术研究中心柏杨村试验站考察，该品种千粒重23.9g。

【抗性特征】贵州师范大学荞麦产业技术研究中心柏杨村试验站未见病害。

【用途】粮用、保健食品等。

寿阳甜荞

A.盛花期植株　B.成熟期植株　C.盛花期主花序　D.成熟期主果枝　E.种子

张 北 荞 麦

【品种名称】张北荞麦。

【品种来源及育种方法】河北农林科学院张家口分院杨才、李天亮等于2002年从农家品种选育而成。

【形态特征及农艺性状】生育期60d左右。株高约127cm，主茎基部空心坚实，主茎一半红色，一半绿色，2～4分枝，株型紧凑；花序紧密，花粉白色；较易落粒，结实率约为21.3%，平均单株约104粒，单株粒重约3.2g；千粒重24.1g，籽粒灰色，钝粒，光滑，无沟槽、无刺和无翅。

【抗性特征】较抗病虫害，抗旱性和抗倒性强。

【籽粒品质】蛋白质含量为16.5%，黄酮含量为0.13%，可溶性蛋白为40.15mg/g，总淀粉含量为63.25%，水溶性膳食纤维含量为14.34%，非水溶性膳食纤维含量为7.12%。

【适用范围及单位面积产量】适合河北坝上及高海拔地区种植。由于生育期极短，特别适合春季干旱无雨抗灾抢种。各地种植单产不一，每公顷产量750～1200kg。

【用途】粮用（荞米、荞粉、荞面等）。

张北荞麦
A.盛花期植株 B.成熟期植株
C.盛花期主花序 D.成熟期主果枝
E.种子
（图A—E来自河北农林科学院
张家口分院杨才和李天亮）

兴农甜荞1号

【品种名称】兴农甜荞1号。

【品种来源、育种方法】内蒙古兴安盟农业科学研究所燕荞麦研究室以兴安盟当地多年种植的大粒农家品种宝日为材料，从混合群体中筛选优良变异单株，经系统选育而成的甜荞品种。

【形态特征及农艺性状】全生育期约76d，属早熟品种。株高110～128cm，株型紧凑，主茎分枝数4～6个，主茎呈暗红色，基部实心坚实；花序紧密呈簇，花白色，花柱异长，自交不亲和，虫媒传粉；籽粒黑色，短、尖粒，光滑，有沟槽、浅，无刺，无翅；结实率约29.20%，平均单株粒数约为317粒，单株粒重约8.3g，千粒重约25.3g。

【抗性特征】较抗病虫害，抗旱性和抗倒伏性较强，不易落粒。

【适应范围与单位面积产量】适合在兴安盟荞麦产区种植。2013—2014年参加兴安盟区域试验，其中，2013年平均产量为1 767.6kg/hm²，比对照品种增产9.00%；2014年平均产量为1 745.2kg/hm²，比对照品种增产7.90%。在兴安盟科右前旗大面积栽培，平均产量可达1 725.0kg/hm²。

【用途】粮用（荞米、荞粉、荞面等）、保健食品等。

兴农甜荞1号

A.盛花期植株　B.成熟期植株　C.盛花期主花序
D.成熟期主果枝　E.种子
（图A—E来自兴安盟农业科学研究所朝克图）

伊荞1号

【品种名称】伊荞1号。

【品种来源、育种方法】原产于新疆伊犁新源县的甜荞地方品种。

【形态特征及农艺性状】全生育期约85d，属中熟品种。株高90～100cm，株型松散，主茎绿色，2～3个分枝，基部空心坚实；花序紧密呈簇，花白色，花柱异长，自交不亲和，虫媒传粉；籽粒褐色，钝粒，光滑，无沟槽，无刺，无翅；结实率约28.00%，平均单株粒数111粒，单株粒重约3.2g，千粒重约28.1g。

【抗性特征】中度抗倒伏，抗旱性较好，落粒轻。

【适应范围与单位面积产量】适合在新疆冬麦区夏播（冬麦收获后麦茬复播）。2013年在新疆新源县参加品种比较试验，折合产量为2 475.0kg/hm²。2014年在新疆新源县示范种植10hm²，平均产量为2 778.0kg/hm²。

【用途】粮用（荞米、荞粉、荞面等）、保健食品等。

伊荞1号

A.盛花期植株　B.成熟期植株　C.盛花期主花序

D.成熟期主果枝　E.种子

（图A—E来自新疆农业科学院粮食作物研究所曾潮武、梁晓东）

固 引 1 号

【品种名称】固引1号。

【SSR指纹】0000101001 0000010010 0000000000 1100100000 0001010001 101101（2886355514299501）。

【品种来源、育种方法】宁夏农林科学院固原分院（原固原市农业科学研究所）常克勤等选育的甜荞品种。

【形态特征及农艺性状】全生育期79d左右，属中早熟品种。株高约94.9cm，主茎分枝数4个，节数9.8节，株型紧凑；花白色，花柱异长，自交不亲和，虫媒传粉；籽粒黑色，单株粒重3.4g，千粒重27.4g。1999—2001年山西省荞麦品比试验表明，固引1号全生

固引1号

A.盛花期植株　B.成熟期植株　C.盛花期主花序　D.成熟期主果枝　E.种子

育期70d，属早熟品种。株高119cm，主茎节数12.4节，分枝数4.4个，单株粒重9.7g，千粒重28.0g（张春明等，2011a）。经贵州师范大学荞麦产业技术研究中心2013年测定，固引1号千粒重为34.7g，千粒米重为27.5g，果壳率为20.73%。

【籽粒品质】经贵州省六盘水师范学院测定，固引1号各时期的黄酮含量依次为：种子8.63mg/g，三叶期全株44.18mg/g，四叶期根28.71mg/g、茎83.04mg/g、叶29.63mg/g，五叶期根54.62mg/g、茎65.06mg/g、叶71.56mg/g，初花期根38.62mg/g、茎22.28mg/g、叶79.22mg/g，盛花期根63.61mg/g、茎46.98mg/g、叶65.04mg/g。经浙江大学农业与生物技术学院测定，固引1号籽粒的芦丁含量为0.028%，清蛋白含量为6.17%，球蛋白含量为0.92%，醇溶蛋白含量为0.36%，谷蛋白含量为1.57%，总蛋白含量为12.55%（文平，2006）。

【适应范围与单位面积产量】1999—2001年山西省荞麦品比试验表明，固引1号平均产量为900.5kg/hm²，居参试品种第5，比对照品系83-230减产39.8kg/hm²（张春明等，2011a）。2003—2005年参加全国荞麦主产区25个试点，3年平均产量为1 209.7kg/hm²，比对照品种减产6.90%，居参试品种第5。

【用途】粮用（荞米、荞粉、荞面等）、保健食品等。

第三章　甜荞特异种质

自交可育一炷香甜荞

【品种名称】自交可育一炷香甜荞（品系1508-2）。

【品种来源、育种方法】贵州师范大学荞麦产业技术研究中心陈庆富等从丰甜荞1号与自交可育野生型甜荞HOMO杂交后代中选育出自交可育甜荞品系甜自21后，再以丰甜荞1号为母本，与甜自21进行杂交，在杂交后代群体中通过单株选择育成的自交可育甜荞一炷香型（有限生长类型）品系。

【形态特征及农艺性状】全生育期60～70d，早熟品种。株高85cm，主茎分枝数3～5个，主茎节数9～12节；花序为一炷香式，主花序无分杈，花白色，花柱同长，自交可育；籽粒黑色，单株粒数125粒，单株粒重5.4g，千粒重28.5g。

【抗性特征】抗病性强，较抗倒伏，抗虫性较强。

【用途】粮用。

自交可育一炷香甜荞
A.成熟期植株　B.盛花期主花序
C.成熟期主果枝　D.种子

贵粉红花甜荞1508-1

【品种名称】贵粉红花甜荞1508-1。

【品种来源、育种方法】贵州师范大学荞麦产业技术研究中心陈庆富等从丰甜荞1号与自交可育野生型甜荞HOMO杂交后代选育出自交可育甜荞品系甜自21后,再以贵州地方红花甜荞品种为母本,与甜自21进行杂交,在杂交后代群体中通过单株选择育成的自交可育甜荞粉红花品系。

【形态特征及农艺性状】全生育期60～70d,属早熟品种。株高80cm,主茎分枝数3～5个,主茎节数9～12节;花朵粉红色,花柱同长,自交可育;幼果红色,成熟籽粒黑色,单株粒数82个,单株粒重2.4g,千粒重27.2g。

【抗性特征】抗病性强,较抗倒伏,抗虫性较强。

【用途】粮用、观赏用等。

贵粉红花甜荞1508-1

A.盛花期植株　B.盛花期主花序

C.成熟期主果枝　D.种子

贵红花甜荞1508-2

【品种名称】贵红花甜荞1508-2。

【品种来源、育种方法】贵州师范大学荞麦产业技术研究中心陈庆富从自交可育野生型甜荞HOMO与丰甜荞1号杂交后代选育出自交可育甜荞品系甜自21后，再以贵州地方红花甜荞品种为母本，与甜自21进行杂交，对杂交后代进行单株选择育成的自交可育甜荞深红花品系。

【形态特征及农艺性状】全生育期60～70d，属早熟品种。株高70～90cm，主茎分枝数3～5个，主茎节数9～12节，茎秆红色；花深红色，花柱同长，自交可育；幼嫩籽粒红色，成熟籽粒黑色或褐色，单株粒数89个，单株粒重2.3g，千粒重26.2g。

【抗性特征】抗病性强，较抗倒伏，抗虫性较强。

【用途】粮用、观赏用。

贵红花甜荞1508-2
A.盛花期植株 B.盛花期主花序 C.种子

自交可育长花序甜荞品系1508-长1

【品种名称】自交可育长花序甜荞品系1508-长1。

【品种来源、育种方法】贵州师范大学荞麦产业技术研究中心陈庆富等从丰甜荞1号与自交可育野生型甜荞HOMO杂交后代中选育出自交可育甜荞品系甜自21后，再以贵州地方白花甜荞品种为母本，与甜自21进行杂交，在杂交后代群体中通过单株选择育成的自交可育甜荞长花序品系。

【形态特征及农艺性状】全生育期60～70d，属早熟品种。株高89cm，主茎分枝数3～5个，主茎节数9～12节；花白色，花柱同长，自交可育；籽粒黑色，单株粒数147粒，单株粒重4.8g，千粒重31.0g。

【抗性特征】抗病性强，较抗倒伏，抗虫性较强。

【用途】粮用等。

自交可育长花序甜荞品系1508-长1

A.盛花期植株 B.盛花期主花序 C.成熟期长果枝 D.种子

贵金叶甜荞001

【品种名称】贵金叶甜荞001。

【品种来源、育种方法】贵州师范大学荞麦产业技术研究中心陈庆富等从丰甜荞1号与自交可育野生型甜荞HOMO杂交后代选育出自交可育甜荞品系甜自21后，再以贵州地方红花甜荞品种为母本，与甜自21进行杂交，在杂交后代群体中通过单株选择育成的自交可育甜荞金叶观赏品系贵金叶甜荞001。

【形态特征及农艺性状】全生育期60～80d，属中早熟品种。株高60～70cm，主茎分枝数3～5个，主茎节数9～11节；叶中脉附近具金黄色斑，十分耀眼；花红色或粉红色，花柱同长，自交可育；籽粒褐色或深褐色或黑色，单株粒数72粒，单株粒重2.2g，千粒重28.1g。

【抗性特征】抗病性强，较抗倒伏，抗虫性较强。

【用途】粮用、观赏用。

贵金叶甜荞001

第二部分　苦　　荞

DIERBUFEN KUQIAO

第四章 苦荞审（认）定品种

第一节 苦荞审（认）定品种（南方组）

川荞1号

【品种名称】川荞1号，原名凉荞1号。

【SSR指纹】1110000011 1001100100 1101110001 0110011000 0001011010 0001010101 110（8102862910097408686）。

【品种来源、育种方法】四川省凉山彝族自治州昭觉农业科学研究所李发良等以老鸦苦荞为材料，通过系统选育而成的普通苦荞品种。1995年通过四川省农作物品种审定委员会审定，命名为凉荞1号；2000年通过国家小宗粮豆品种鉴定委员会鉴定，命名为川荞1号，审定证书编号：国审杂20000004号。

【形态特征及农艺性状】品种审定资料表明，川荞1号为一年生，全生育期80d左右，属中熟品种。株型紧凑，株高90cm左右，主茎分枝数4.2个，主茎紫红色，基部木质空心坚实，成熟后整株呈紫红色；花序紧密，花绿色，花柱同短，自花授粉；籽粒黑色、长锥形，浅腹沟，无刺；结实率10.00%～15.00%，株粒数150～200粒，单株粒重1.8g左右，千粒重20.0～21.0g（李发良等，2001）。2009年宁夏固原市农业科学研究所在原州区头营科研基地川旱地的引种试验表明，川荞1号全生育期94d，属晚熟品种。株型紧凑，株高70.6cm，主茎分枝数8.5个，主茎节数18.1节，单株粒重1.8g，千粒重17.0g（王学山、杨存祥，2009；王收良等，2010）。2010年甘肃省定西市旱作农业科研推广中心苦荞品种比较试验表明，川荞1号全生育期112d，属晚熟品种。株高76.4cm，主茎分枝数7.6个，主茎节数14.8节，籽粒黑色、长锥形，单株粒重2.6g，千粒重17.0g（贾瑞玲等，2011）。2011年内蒙古民族大学农学院和内蒙古赤峰市农牧科学研究院资源与环境研究所引种试验表明，川荞1号全生育期85d，属中熟品种。株高163.3cm，主茎节数20节，主茎分枝数6个，茎粗7.3mm；单株粒数275粒，单株粒重5.8g，千粒重21.3g，籽粒杂粒率12.00%，种子黑色（唐超等，2014）。2011年甘肃省定西市旱作农业科研推广中心在定西的引种试验表明，川荞1号全生育期84d，属中熟品种。株高70.0cm，主茎分枝数4.8个，主茎节数15.1节，单株粒数283.2粒，单株粒重5.4g，千粒重17.8g，结实率43.27%（马宁等，2012）。经贵州师范大学荞麦产业技术研究中心2013年测定，川荞1号千粒重22.9g，千粒米重17.0g，果壳率25.76%。山西省农业科学院高寒区作物研究所引种试验表明，川荞1号全生育期84d，属中熟品种。株高125cm，主茎节数18.5节，一级分枝数6.2个；籽粒黑色，单株粒数181.7粒，单株粒重2.9g，千粒重15.9g（王慧等，2013）。青海省引种试验表明，川荞1号全生育期91d，属中晚熟品种（闫忠心，2014）。贵州师范大学荞麦产业技术研究中心抗倒伏试验表明，川荞1号株高58.72cm，重心高度26.55cm，主茎节数16节（韦爽等，2015）。

【抗性特征】抗旱、抗倒、抗病、抗寒。2009年宁夏固原市农业科学研究所在原州区头营科研基地川旱地的引种试验表明，川荞1号抗旱性中等，抗倒伏性强，无病害发生。2011年内蒙古民族大学农学院和内蒙古赤峰市农牧科学研究院资源与环境研究所引种试验表明，

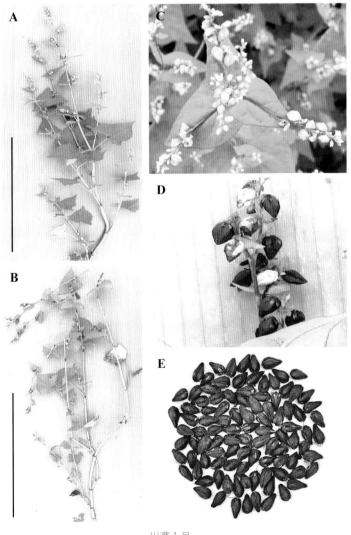

川荞1号

A.盛花期植株 B.成熟期植株 C.盛花期主花序 D.成熟期主果枝 E.种子

川荞1号倒伏面积40.00%，属中等程度倒伏；立枯病普遍率为0，蚜虫发生率3.88%（唐超等，2014）。

【籽粒品质】 经四川省农业科学研究院中心实验室测定，川荞1号籽粒的粗蛋白含量为15.60%，粗脂肪含量为3.90%，淀粉含量为69.10%，芦丁含量为2.64%，每100g维生素E含量为0.53μg、维生素C含量为4.53μg（李发良等，2001）。经郑慧（2007）测定，川荞1号麸皮粗粉总黄酮含量为7.50%，不溶性膳食纤维含量为28.40%，芦丁含量为81.38mg/g，未检出槲皮素。经肇庆学院测定，川荞1号籽粒的清蛋白含量为（37.34±0.97）mg/g、球蛋白含量为（5.68±0.34）mg/g、醇溶蛋白含量为（2.88±0.23）mg/g、谷蛋白含量为（8.37±0.16）mg/g（刘拥海等，2006）。2010年经山西省农业科学院小杂粮研究中心测定，川荞1号每100g干种子硒含量为38.18μg（李秀莲等，2011a）。2010年浙江省建德市种子管理站测定，川荞1号叶的总黄酮含量为87.97mg/g，茎的总黄酮含量为11.10mg/g，种子的总黄酮含量为16.69mg/g（邵美红等，2011）。经西北农林科技大学食品科学与工程学院测定，川荞1号直链淀粉含量为28.50%，支链淀粉含量为71.50%（刘航等，2012）。经朱媛媛（2013）测定，川荞1号籽粒含水量为（12.92±0.02）%，含油量为（3.86±0.01）%，蛋白质含量为（11.42±0.16）%，灰分含量为（2.86±0.03）%；荞壳总酚含量为14 346.78μg/g，芦丁含量为（12 827.03±6.58）μg/g，槲皮素含量为（376.15±4.63）μg/g；麸皮总酚含量为30 400.56μg/g，芦丁含量为（27 740.23±81.89）μg/g，槲皮素含量为（349.87±4.83）μg/g；荞粉总酚含量为3 307.81μg/g，芦丁含量为（2 924.01±11.45）μg/g，槲皮素未检出。徐笑宇等（2015）测定，川荞1号籽粒黄酮含量为24.42mg/g。夏清等（2015）测定表明，川荞1号种子萌发0、3、6、9、12d，其幼苗游离赖氨酸含量分别为0.14、0.18、0.18、0.15、0.34mg/g。

【适应范围与单位面积产量】 适合春、夏、秋播种。春季一般宜在海拔2 000～2 700m的云南、贵州、四川等高原山区种植；夏季适宜在山西、陕西、甘肃等中部海拔1 900～2 500m、降水量偏少的干旱、半旱地区种植；秋季宜在海拔1 500～2 100m的低海拔地区种植，也可在海拔2 500m的特殊地区（秋季气温较高，如凉山彝族自治州的盐源县）种植。1997—1999年参加全国荞麦区试，川荞1号3年平均产量1 538.1kg/hm²，比全国统一对照九江苦荞增产4.27%，比各地地方对照增产4.51%。甘肃定西通渭县1999年丰产栽培试验，川荞1号平均产量为2 240.0kg/hm²，较对照品种定西苦荞增产9.80%；川荞1号种植在中等肥力土壤的平均产量1 875.0～2 500.0kg/hm²，在肥力较好土壤的平均产量为2 250.0～2 850.0kg/hm²，最高产量3 500.0kg/hm²以上。2009年宁夏固原市农业科学研究所在原州区头营科研基地川旱地引种试验表明，川荞1号折合平均产量为730.0kg/hm²，比对照品种固原苦荞减产16.09%，居参试品种第9（王学山、杨存祥，2009；王收良等，2010）。2010年甘肃省定西市旱作农业科研推广中心苦荞品种比较试验表明，川荞1号作为对照品种，其折合平均产量为1 733.0kg/hm²，居参试品种第6（贾瑞玲等，2011）。2011年内蒙古民族大学农学院和内蒙古赤峰市农牧科学研究院资源与环境研究所引种试验表明，川荞1号平均产量为2 928.0kg/hm²，居参试品种第4，比对照品种敖汉苦荞增产5.26%（唐超等，2014）。2011年甘肃省定西市旱作农业科研推广中心在定西的引种试验表明，川荞1号平均折合产量为2 363.3kg/hm²，比对照品种定引1号减产12.60%，居参试苦荞品种第8（马宁等，2012）。2011—2013年参加全国荞麦品种展示试验，3年平均产量为2 014.9kg/hm²，比参试苦荞平均产量增产2.39%。青海省引种试验表明，平均产量为（4 966.9±133.2）kg/hm²（闫忠心，2014）。该品种较适宜种植的省份为青海（3 059.7kg/hm²）、陕西（2 417.9kg/hm²）、宁夏（2 388.1kg/hm²）、河北（2 298.5kg/hm²）、甘肃（2 089.6kg/hm²）、西藏（1 985.1kg/hm²）、贵州（1 955.2kg/hm²）。

【用途】适宜加工荞粉、荞面、保健品、饮料及蔬菜。

川 荞 2 号

【品种名称】川荞2号。

【SSR指纹】1110100011 0001101011 0100010111 0110001000 0000000000 0001001000 000（8386646087997325888）。

【品种来源、育种方法】四川省凉山彝族自治州西昌农业科学研究所高山作物研究站李发良等于1986年以引进品种九江苦荞为材料，通过系选育成的普通苦荞品种。2002年通过四川省农作物品种审定委员会审定，命名为川荞2号，审定证书编号：川审麦2002012号。

【形态特征及农艺性状】品种审定资料表明，川荞2号为一年生苦荞，全生育期87d左右，属中熟品种。幼苗绿色，株高80～105cm，株型紧凑，叶片绿色，主茎分枝数4.6个；花黄绿色，花柱同短，自花授粉；花序柄短，有效花序多，结实率10.00%～16.00%；籽粒灰白色、短锥形，有腹沟、无刺，单株粒数150～200粒，单株粒重2.0～3.0g，千粒重20.0～22.0g（李发良等，2003）。经贵州师范大学荞麦产业技术研究中心2013年测定，川荞2号千粒重为22.4g，千粒米重为17.1g，果壳率为23.66%。青海省引种试验表明，川荞2号全生育期86d，属中熟品种。主茎分枝数（4.47±1.53）个，主茎节数（16.03±0.93）节，株高（137.20±15.10）cm；单株粒重（4.14±0.47）g，单株粒数（223.54±24.46）粒，千粒重（18.50±0.43）g（闫忠心，2014）。贵州师范大学荞麦产业技术研究中心抗倒伏试验表明，川荞2号株高70.27cm，重心高度28.09cm，主茎节数16节（韦爽等，2015）。

【抗性特征】抗旱性、抗倒性、抗病性均较强。

【籽粒品质】四川省农业科学院中心实验室测定，籽粒的芦丁含量为1.52%，粗蛋白含量为12.50%，粗脂肪含量为2.93%，粗淀粉含量为60.30%，每100g维生素C含量为0.60mg、维生素E含量为31.29mg，出粉率为57.80%（李发良等，2003）。2010年经山西省农业科学院小杂粮研究中心测定，川荞2号每100g干种子的硒含量为17.92μg（李秀莲等，2011a）。成都大学生物产业学院测定，川荞2号芦丁含量为11.10mg/g（黄艳菲等，2012）。经朱媛媛（2013）测定，川荞2号籽粒含水量为（12.27±0.03）%，含油量为（4.05±0.01）%，蛋白质含量为（9.09±0.27）%，灰分含量为（3.08±0.04）%；荞壳总酚含量为15 526.88μg/g，芦丁含量为（13 351.01±30.06）μg/g，槲皮素含量为（188.59±0.40）μg/g；麸皮总酚含量为41 051.89μg/g，芦丁含量为（36 100.69±83.08）μg/g，槲皮素含量为（478.13±0.40）μg/g；

荞粉总酚含量为2 271.77μg/g，芦丁含量为（1 836.79±2.29）μg/g，槲皮素未检出。徐笑宇等（2015）测定，川荞2号籽粒黄酮含量为14.86mg/g。

【适应范围与单位面积产量】该品种春、夏、秋播均可，其中，春季一般适宜在海拔1 600～2 600m的低山、二半山和高山苦荞主产区种植；秋季适宜在海拔1 500～2 150m的低山、二半山地区种植。1992—1993年在凉山彝族自治州喜德、盐源、美姑、昭觉四县进行区域适应性试验，两年平均产量为2 173.2kg/hm²，较地方品种增产28.37%。1994—1995年在广西全州种植13.3hm²，两年平均产量为2 161.5kg/hm²，较对照品种增产21.85%。1996—1998年，在凉山彝族自治州的美姑、昭觉、盐源、冕宁、德昌5县进行秋荞试验，3年平均产量为1 703.5kg/hm²，较本地对照品种增产23.25%。1998—1999年在重复新品种区域试验中，两年平均产量为1 947.5kg/hm²，较本地对照品种增产31.52%。2000—2001

川荞2号

A.盛花期植株　B.成熟期植株　C.盛花期主花序　D.成熟期主果枝　E.种子

年参加第6轮国家荞麦品种（苦荞组）区域试验，2000年平均产量为1 828.1kg/hm²，居参试品种第1，较对照九江苦荞增产16.43%；2001年产量居7个参试种第2，折合平均产量2 130.0kg/hm²，较对照九江苦荞增产9.23%。2012—2013年参加全国荞麦品种展示试验，两年平均产量为1 880.6kg/hm²，比参试苦荞平均产量减产7.82%。青海省引种试验表明，平均产量为（4 820.2±393.5）kg/hm²（闫忠心，2014）。该品种较适宜种植的省份为青海（3 656.7kg/hm²）、河北（2 462.7kg/hm²）、甘肃（2 179.1kg/hm²）、贵州（2 044.8kg/hm²）。

【用途】粮用（苦荞米、荞粉、荞面等）、保健食品、饮料、蔬菜等。

川荞3号

【品种名称】川荞3号。

【SSR指纹】1110000011 1001101101 0111010111 1110001011 1001001001 0001010100 000（8102938557251396256）。

【品种来源、育种方法】四川省凉山彝族自治州西昌农业科学研究所高山作物研究站李发良等与凉山彝族自治州惠乔生物科技有限责任公司合作，于1996年以引进品种九江苦荞为母本、额拉（地方种）为父本进行人工杂交，经多年多代选择育成的苦荞新品种。2010年通过国家农作物品种审定委员会审定，命名为川荞3号，审定证书编号：国品鉴杂2010011号。

【形态特征及农艺性状】品种审定资料表明，川荞3号为一年生苦荞，全生育期81～86d，属中熟品种。株型紧凑，株高94.9cm，主茎分枝数5.6个，主茎绿色，基部空心坚实；花绿色，花柱同短，自花授粉，结实率11.00%～14.00%，单株粒数150～180粒，单株粒重3.6～4.1g，千粒重20.6g；籽粒棕色、长锥形、有腹沟、无刺。经贵州师范大学荞麦产业技术研究中心2013年测定，川荞3号千粒重为23.7g，千粒米重为17.7g，果壳率为25.32%。

【抗性特征】抗倒伏、抗旱、耐瘠薄，落粒较轻。

【籽粒品质】四川省农业科学院中心实验室测定，川荞3号籽粒的粗蛋白含量为12.90%，淀粉含量为66.38%，粗脂肪含量为2.98%，总黄酮（芦丁）含量为2.52%。经朱媛媛（2013）测定，川荞3号籽粒含水量为（13.56±0.02）%，含油量为（4.33±0.01）%，蛋白质含量为（12.28±0.04）%，灰分含量为（2.52±0.04）%；荞壳总酚含量为13 740.56μg/g，芦丁含量为（12 061.32±41.52）μg/g，槲皮素含量为（456.63±1.41）μg/g；麸皮总酚含量为32 051.87μg/g，芦丁含量为（28 925.84±58.98）μg/g，槲皮素含量为（397.93±0.40）μg/g；荞粉总酚含量为3 414.75μg/g，芦丁含量为（3 050.34±2.29）μg/g，槲皮素含量为（100.42±1.21）μg/g。

【适应范围与单位面积产量】适合在内蒙古达拉特旗，山西太原、大同，陕西榆林，宁夏西吉，甘肃定西、会宁，四川盐源、昭觉、西昌，云南丽江、昭通，贵州威宁等苦荞产区推广种植。2006—2008年参加国家荞麦品种区域试验，平均产量为2 282.3kg/hm²，比对照品种增产9.30%（全国农业技术推广服务中心，2009）。2009年参加生产试验，平均产量为2 731.5kg/hm²，比统一对照增产14.67%，比当地对照增产12.75%。2012年山西省右玉县农业委员会在右玉县高家堡乡进行苦荞引种试验，川荞3号折合平均产量为949.5kg/hm²，比对照品种黑丰1号减产24.60%，居参试品种第12（程树萍，2012）。2014年参加全国荞麦品种展示试验的平均产量为2 209.0kg/hm²，比各点苦荞品种平均产量增产1.09%。该品种较适宜种植的省份为青海（4 283.6kg/hm²）、云南（2 835.8kg/hm²）、吉林（2 820.9kg/hm²）、西藏（2 731.3kg/hm²）、新疆（2 179.1kg/hm²）、四川（2 000.0kg/hm²）、宁夏（1 955.2kg/hm²）、甘肃（1 731.3kg/hm²）、山西（1 656.7kg/hm²）、内蒙古（1 552.2kg/hm²）、贵州（1 492.5kg/hm²）、河北（1 298.5kg/hm²）。

【用途】粮用（荞粉）、苦荞茶、苦荞饼、苦荞酒等。

川荞3号

A.盛花期植株　B.成熟期植株　C.盛花期主花序　D.成熟期主果枝　E.种子

川荞4号

【品种名称】川荞4号。

【SSR指纹】1110000011 1001100100 1101110001 0110001000 0001011010 0001000000 010（8102862909963190786）。

【品种来源、育种方法】四川省凉山彝族自治州西昌农业科学研究所高山作物研究站李

川荞4号

A.盛花期植株　B.成熟期植株　C.盛花期主花序　D.成熟期主果枝　E.种子

发良等与凉山彝族自治州惠乔生物科技有限责任公司合作，于1996年用额02作母本、川荞1号作父本，经杂交多年多代株系选育而成的苦荞新品种。2009年通过四川省农作物品种审定委员会审定并命名为川荞4号，审定证书编号：川审麦2009016号。

【形态特征及农艺性状】品种审定资料表明，川荞4号为一年生苦荞，全生育期78～80d，属中熟品种。株型紧凑，株高104.0cm左右，主茎分枝数5.8个，主茎绿色，基部空心坚实；花黄绿色，花柱同短，自花授粉，结实率15.00%左右，单株粒重2.5g，千粒重20.0g左右，籽粒灰棕色、长锥形、有腹沟。经贵州师范大学荞麦产业技术研究中心2013年测定，川荞4号千粒重为22.7g，千粒米重为17.3g，果壳率为23.79%。

【抗性特征】较抗倒伏，不易落粒，耐旱、耐寒性强。

【籽粒品质】经农业部食品质量监督检验测试中心（杨凌）测定，川荞4号籽粒的总黄酮（芦丁）含量为2.50%，粗蛋白含量为13.84%，粗脂肪含量为3.06%，淀粉含量为64.90%。

【适应范围与单位面积产量】春季一般宜在海拔1 650～2 600m的二半山和高山苦荞主产区种植，秋季宜在海拔1 550～2 100m的低山和二半山区种植。2008—2009年参加凉山彝族自治州苦荞区域试验，两年平均单产为1 950.0kg/hm²，较对照品种九江苦荞增产16.76%。2009年生产试验平均产量为1 680.0kg/hm²，较对照品种九江苦荞增产6.67%。该品种在一般种植条件下的产量水平为1 700.0kg/hm²，在肥力较高、土质较好的地块产量水平为2 200.0kg/hm²左右，高产栽培可达2 600.0kg/hm²。

【用途】适宜加工荞面、荞米、荞粉、保健品、苦荞酒、饮料及蔬菜。

川荞5号

【品种名称】川荞5号。

【SSR指纹】1110100011 1001100101 1101110001 0110001000 0001011010 0111010101 110（83911020822207927982）。

【品种来源、育种方法】四川省凉山彝族自治州西昌农业科学研究所高山作物研究站李发良等与凉山彝族自治州惠乔生物科技有限责任公司以新品系额拉作母本、川荞2号作父本进行杂交，从后代变异群体中选择育成的普通苦荞品种。2009年通过四川省农作物品种审定委员会审定，命名为川荞5号，审定证书编号：川审麦2009017号。

【形态特征及农艺性状】品种审定资料表明，川荞5号为一年生苦荞，全生育期89d，属中熟品种。株型紧凑，株高146.2cm，主茎分枝数6.3个，成熟时绿色，主茎基部空心坚实；花黄绿色，花柱同短，自花授粉；籽粒褐色、长锥形、有腹沟、无刺；结实率14.00%左右，单株粒数180～200粒，单株粒重3.0～4.0g，千粒重23.4g左右。经贵州师范大学荞麦产业技术研究中心2013年测定，川荞5号千粒重为22.2g，千粒米重为17.0g，果壳率为23.42%。

【抗性特征】抗倒伏，耐寒、耐旱、耐瘠薄，落粒轻。

　　【籽粒品质】2009年经农业部食品质量监督检验测试中心（陕西杨凌）检测，川荞5号籽粒的粗蛋白质含量为14.31%，淀粉含量为62.79%，粗脂肪含量为2.79%，总黄酮（芦丁）含量为2.25%。

　　【适应范围与单位面积产量】适合在四川凉山彝族自治州及类似地区种植。2008年参加凉山彝族自治州苦荞区域试验，川荞5号平均产量为1 950.0kg/hm²，较对照品种九江苦荞增产28.29%，增产点率100.00%；2009年续试，平均产量为1 950.0kg/hm²，比对照品种九江苦荞增产5.40%，增产点率100.00%；两年平均产量为1 950.0kg/hm²，较对照品种九江苦荞增产16.85%。2009年参加生产试验，川荞5号平均产量为1 702.0kg/hm²，比对照品种九江苦荞增产8.06%。

　　【用途】适合加工荞粉、荞面、保健品、饮料、酒及蔬菜等。

川荞5号

A.盛花期植株　B.成熟期植株　C.盛花期主花序　D.成熟期主果枝　E.种子

米荞1号

【品种名称】米荞1号。

【SSR指纹】1001110000 0000000000 0000000000 0000000000 0100000000 1000000010 000（5620492334960480272）。

【品种来源、育种方法】成都大学赵钢等于2004年以地方苦荞品种旱苦荞为原始材料，采用300 ~ 500Gy辐射剂量的^{60}Co-γ射线和化学诱变剂甲基磺酸乙酯（EMS）对种子进行诱变处理，从变异群体中选择优良变异单株，经加代选育而成。2009年通过四川省农作物品种审定委员会审定并命名，审定证书编号：川审麦2009015号。

米荞1号

A.成熟期植株　B.盛花期主花序　C.成熟期主果枝　D.种子

（图A—D来自成都大学赵钢）

【形态特征及农艺性状】 品种审定资料表明，米荞1号为一年生，全生育期100d左右，属中晚熟品种。幼苗叶片呈戟形，叶色浓绿；株型紧凑，株高90～130cm，茎秆绿色，主茎分枝数3～6个，主茎节数14～18节；花浅绿色，花柱同短，自花授粉；单株粒数90～180粒，单株粒重1.0～3.0g；籽粒短锥形，表面粗糙、无腹沟、无刺，褐色，饱满，果壳薄，完整米率达60.00%左右，千粒重17.0～18.0g（王安虎等，2010）。贵州师范大学荞麦产业技术研究中心抗倒伏试验表明，米荞1号株高54.76cm，重心高度25.81cm，主茎节数16节（韦爽等，2015）。

【抗性特征】 抗倒伏，耐旱、耐寒性强，抗病性强，不易落粒。

【籽粒品质】 经成都大学对美姑县种植样品的测试，米荞1号籽粒的粗蛋白含量为13.70%，粗脂肪含量为2.71%，膳食纤维含量为5.44%，硒含量为0.04μg/g，总黄酮含量为2.80%，芦丁含量为2.40%，D-手性肌醇含量为1.79mg/g（王安虎等，2010）。王安虎（2012）比较了不同生态区域条件下米荞1号主要器官的黄酮含量差异，其中，美姑县（海拔2 600m）茎黄酮含量为1.86%，叶黄酮含量为4.41%，花黄酮含量为5.35%，种子黄酮含量为2.51%；布拖县（海拔2 300m）茎黄酮含量为1.57%，叶黄酮含量为3.73%，花黄酮含量为4.56%，种子黄酮含量为2.04%；普格县（海拔2 000m）茎黄酮含量为1.23%，叶黄酮含量为3.23%，花黄酮含量为4.11%，种子黄酮含量为1.63%；西昌市（海拔1 600m）茎黄酮含量为0.86%，叶黄酮含量为3.06%，花黄酮含量为3.86%，种子黄酮含量为1.47%。西南民族大学民族医药研究院、成都大学生物产业学院测定，米荞1号芦丁含量为18.07mg/g（黄艳菲等，2012）。

【适应范围与单位面积产量】 适合在西南地区海拔1 500m以上的冷凉地区及类似生态区种植，春季最适海拔范围为2 200～2 500m，秋季最适海拔范围为1 600～1 900m。2007—2008年，米荞1号参加凉山彝族自治州荞麦品系两年多点试验和一年生产试验，两年区试共计10个试验点全部增产，平均产量为2 134.2kg/hm²，比对照品种九江苦荞增产12.8kg/hm²；2008年生产试验，米荞1号在5个不同的生态点平均产量为2 121.0kg/hm²，较对照品种九江苦荞增产12.0kg/hm²。

【用途】 粮用（苦荞米、荞粉、荞面等）、苦荞酒、苦荞茶、保健食品等。

西荞1号

【品种名称】 西荞1号。

【品种来源、育种方法】 成都大学赵钢、西昌农学院王安虎等于1987年以凉山地区的地方品种额落乌且为原始材料，采用⁶⁰Co-γ射线辐射种子，同年用秋水仙碱与二甲基亚砜混合水溶液对辐射后的种子浸泡处理，后对后代进行单株选择育成。1997年获得的后代新品系97-1通过四川省农作物品种审定委员会审定，并被定名为西荞1号。2000年通过国家农作物品种审定委员会审定，国审编号：国审杂20000003。

【形态特征及农艺性状】全生育期75～85d，属早熟品种。株型紧凑，株高90～105cm，主茎分枝4～7个，主茎节数14～17节，结实率31.3%，单株粒重1.9～4.2g，千粒重19.1～20.5g。籽粒黑色，桃形，出粉率64.5%～67.7%。

【抗性特征】抗病性强，抗倒伏，高抗落粒，抗旱能力较强。

【籽粒品质】籽粒蛋白质含量为13.60%，脂肪含量为2.35%，芦丁含量为1.30%，锌含量为18.21mg/kg，硒含量为0.062μg/g，总淀粉含量为60.07%。含有人体所必需的18种氨基酸，维生素B_1含量为0.19mg/g，维生素B_2含量为0.5mg/g，还含有丰富的叶绿素和矿质营养元素。不同地区栽培营养成分含量略有差异。

【适应范围与单位面积产量】适合范围广，在云南、贵州、四川、陕西、山西及甘肃等

西荞1号

A.盛花期植株　B.成熟期植株　C.盛花期主花序　D.成熟期主果枝　E.种子

（图A—E来自成都大学赵钢）

省均可大面积种植。1993—1994年，参加在四川凉山彝族自治州进行的区域试验，产量分别达到1 860.5kg/hm² 和2 490.5kg/hm²，比地方品种额拉（CK1）分别增产7.48%和33.1%，比九江苦荞（CK2）分别增产14.2%和56.1%。在1997年和1998年全国荞麦区试中平均产量分别为1 248.0kg/hm² 和2 203.5kg/hm²，比统一对照分别增产6.8%和7.9%，比当地对照分别增产7.8%和2.2%。

【用途】 粮用（荞粉、荞面等）、苦荞茶、苦荞酒、保健食品等。

西荞2号

【品种名称】 西荞2号。

【SSR指纹】 1110000000 0101010100 0010110001 0001100100 0001011010 0001010100 010（8073442725133501090）。

【品种来源、育种方法】 四川西昌学院王安虎等于2004年以凉山地区地方苦荞麦品种苦刺荞为原始材料，用⁶⁰Co-γ射线进行辐射诱变处理，从诱变群体中选择符合育种目标的优良单株，经系统选育而成。2008年通过四川省农作物品种审定委员会审定，品种审定证书编号：川审麦2008013号。

【形态特征及农艺性状】 品种审定资料表明，西荞2号为一年生苦荞，全生育期75～82d，属中晚熟品种。幼苗叶片呈戟形，叶色浓绿；株型紧凑，株高100～120cm，茎秆绿色，主茎分枝数4～7个，主茎节数14～17节；花黄绿色，花柱同短，自花授粉；单株粒数150～260粒，籽粒短锥形、灰色，有腹沟，单株粒重2.0～4.5g，千粒重20.0～21.5g（王安虎等，2009）。2011年内蒙古民族大学农学院和内蒙古赤峰市农牧科学研究院资源与环境研究所引种试验表明，西荞2号全生育期92d，属晚熟品种。株高158.1cm，主茎节数20节，主茎分枝数8个，茎粗7.0mm，单株粒数200粒，单株粒重4.4g，千粒重21.6g，籽粒杂粒率26.50%，种子深灰色（唐超等，2014）。2011年甘肃省定西市旱作农业科研推广中心在定西的引种试验表明，西荞2号全生育期100d，属晚熟品种。株高102.0cm，主茎分枝数2.4个，主茎节数14.6节，单株粒数111.5粒，单株粒重2.3g，千粒重21.2g，结实率43.77%（马宁等，2012）。经贵州师范大学荞麦产业技术研究中心2013年测定，西荞2号千粒重为21.8g，千粒米重为16.6g，果壳率为23.85%。山西省农业科学院高寒区作物研究所引种试验表明，西荞2号全生育期109d，属晚熟品种。株高120cm，主茎节数23.0节，一级分枝数7.3个；籽粒浅棕色，单株粒数169.5粒，单株粒重3.0g，千粒重17.5g（王慧等，2013）。

【抗性特征】 抗倒伏，耐旱，不落粒。经四川凉山彝族自治州植物保护检疫站田间调查，该品种轻感荞麦褐斑病，未发现其他病害。2011年内蒙古民族大学农学院和内蒙古赤峰市农牧科学研究院资源与环境研究所引种试验表明，西荞2号倒伏面积10.00%，属轻微程度倒伏；立枯病、蚜虫均未发生（唐超等，2014）。

【籽粒品质】经四川省农业科学院分析测试中心测定，西荞2号籽粒的芦丁含量为2.41%，粗蛋白含量为14.80%，粗脂肪含量为3.03%，维生素B_1含量为0.17mg/g，维生素B_2含量为0.53mg/g，维生素P含量为2.41%，锌含量为18.20μg/g，硒含量为0.57μg/g，出粉率64.10%～66.70%（王安虎等，2009）。2010年浙江省建德市种子管理站、第二军医大学药学院测定，西荞2号叶的总黄酮含量为55.66mg/g，茎的总黄酮含量为13.32mg/g，种子的总黄酮含量为16.27mg/g（邵美红等，2011）。

【适应范围与单位面积产量】适合在四川省苦荞麦产区种植。2006年西荞2号在凉山彝族自治州区试中的平均产量为2 283.0kg/hm²，比对照品种九江苦荞增产348.0kg/hm²，增产率达17.90%，增产点次100.00%；2007年续试平均产量为2 176.4kg/hm²，比对

西荞2号

A.盛花期植株　B.成熟期植株　C.盛花期主花序　D.成熟期主果枝　E.种子

照品种九江苦荞增产321.0kg/hm²，增产率达17.29%，增产点次100.00%。以上2年区试共计10个试验点全部增产，平均产量2 229.0kg/hm²，比对照品种九江苦荞平均增产334.4kg/hm²，增产率17.59%。2007年西荞2号在凉山彝族自治州苦荞麦新品种生产试验中的平均产量为2 262.0kg/hm²，较对照品种九江苦荞增产309.0kg/hm²，增产率达15.80%，增产点次为100.00%。2011年内蒙古民族大学农学院和内蒙古赤峰市农牧科学研究院资源与环境研究所引种试验表明，西荞2号平均产量为2 608.4kg/hm²，比对照品种敖汉苦荞减产6.23%，居参试品种第6（唐超等，2014）。2011年甘肃省定西市旱作农业科研推广中心在定西的引种试验表明，西荞2号折合平均产量为2 696.7kg/hm²，比对照品种定引1号减产0.20%，居参试苦荞品种第6（马宁等，2012）。2011年参加全国荞麦品种展示试验的平均产量为1 880.6kg/hm²，比参试苦荞平均产量减产3.88%。该品种较适宜种植的省份为陕西（3 462.7kg/hm²）、甘肃（2 671.6kg/hm²）、西藏（2 582.1kg/hm²）、四川（1 970.1kg/hm²）。

【用途】粮用、保健食品等。

西荞3号

【品种名称】西荞3号。

【SSR指纹】0000000011 1001100101 1100010000 0110001000 0000000010 0001000100 000（32420340583907872）。

【品种来源、育种方法】四川西昌学院王安虎等于2004年以苦荞品种川荞2号为原始材料，用 ^{60}Co-γ 射线诱变其种子，从诱变2代群体中选择不同变异单株，并从单株群体中选择与育种目标接近的株系，经系统选育而成的苦荞新品种。2008年通过四川省农作物品种审定委员会审定，品种审定证书编号：川审麦2008014号；2013年通过全国小宗粮豆品种鉴定委员会鉴定，品种审定证书编号：国品鉴杂2013002号。

【形态特征及农艺性状】品种审定资料表明，西荞3号为一年生，全生育期80～90d，属中晚熟品种。幼苗叶呈戟形，叶色浓绿，株型紧凑，株高110cm左右，茎秆绿色，主茎分枝数4～6个，主茎节数15～17节；花黄绿色，花柱同短，自花授粉；单株粒数140～260粒，籽粒短锥形、褐色、有腹沟，单株粒重2.0～4.6g，千粒重20.5g，出粉率64.50%～67.90%（王安虎等，2009）。经贵州师范大学荞麦产业技术研究中心2013年测定，西荞3号千粒重为20.8g，千粒米重为15.8g，果壳率为24.04%。贵州师范大学荞麦产业技术研究中心抗倒伏试验表明，西荞3号株高55.97cm，重心高度24.71cm，主茎节数15节。

【抗性特征】抗倒伏，耐旱，抗病能力强，不易落粒。

【籽粒品质】经四川西昌学院测定，西荞3号籽粒粗蛋白含量为14.80%，粗脂肪含量为3.05%，粗纤维含量为1.46%，维生素B$_1$含量为0.16mg/g，维生素PP含量为1.56%，锌含量为18.17mg/kg，硒含量为0.56mg/kg，芦丁含量为1.56%（王安虎等，2009）。2010年浙江省建德市种子管理站、第二军医大学药学院测定，西荞3号叶的总黄酮含量为89.49mg/g，茎的总黄酮含量为11.06mg/g，种子的总黄酮含量为19.07mg/g（邵美红等，2011）。绵阳师范学院测定，西荞3号的芦丁含量为7.18mg/g，槲皮素含量为1.54mg/g（李艳等，2011）。

【适应范围与单位面积产量】适合在四川凉山、云南昭通和迪庆、贵州威宁、西藏拉萨、重庆永川等荞麦产区种植。2006—2007年参加凉山彝族自治州苦荞麦区域试验，两年区试10个试验点全部增产，平均产量为2 167.5kg/hm²，比对照九江苦荞平均增产14.30%。2007年在冕宁、普格、美姑、喜德、昭觉进行生产试验，平均产量为2 283.0kg/hm²，比对照品种九江苦荞增产12.90%，增产点次100%。

【用途】粮用、保健食品等。

西荞3号

A.盛花期植株　B.成熟期植株　C.盛花期主花序　D.成熟期主果枝　E.种子

西荞5号

【品种名称】西荞5号。

【品种来源、育种方法】四川西昌学院王安虎与西昌航飞苦荞科技发展有限公司、贵州师范大学等以地方苦荞品种旱苦荞为原始材料，用^{60}Co-γ射线500Gy进行辐射诱变处理，从

西荞5号

A.盛花期植株　B.成熟期植株　C.盛花期主花序　D.成熟期主果枝　E.种子

（图A—E来自云南省农业科学院王莉花）

变异群体中选择优良变异单株，经系统选育而成的苦荞品种。2013年通过四川省农作物品种审定委员会审定命名，品种审定证书编号：川审麦2013014号。

【形态特征及农艺性状】品种审定资料表明，西荞5号为一年生苦荞，全生育期83d，属中熟品种。叶片剑形，叶色浅绿，叶柄红色，叶脉红色，茎秆绿色，株高104cm左右，株型紧凑，主茎分枝数3～7个，主茎节数15～19节；花序散状疏松，花黄绿色，花柱同短，自花授粉；单株粒数100～150粒，籽粒心形、灰色，有腹沟，单株粒重2.0～4.0g，千粒重20.7g。

【抗性特征】抗病、抗倒伏、耐旱，不易落粒。

【籽粒品质】经四川省农业科学院分析测试中心测定，西荞5号籽粒的芦丁含量为2.54%，粗蛋白含量为17.10%，淀粉含量为73.90%。

【适应范围与单位面积产量】适宜在四川省苦荞产区种植。2010—2011年参加区域试验，两年平均产量为2 701.8kg/hm²，比对照九江苦荞增产13.30%，增产点率100%。2012年进行生产试验，平均产量为2 485.5kg/hm²，比对照品种九江苦荞增产10.60%。2014年参加全国荞麦品种展示试验的平均产量为2 298.5kg/hm²，比各试点苦荞品种平均产量增产5.03%。该品种较适宜种植的省份为宁夏（3 149.3kg/hm²）、青海（3 000.0kg/hm²）、西藏（2 880.6kg/hm²）、云南（2 626.9kg/hm²）、甘肃（2 567.2kg/hm²）、山西（1 850.7kg/hm²）、贵州（1 626.9kg/hm²）。

【用途】粮用（荞米、荞粉、荞面等）、保健食品、饮料等。

酉 苦 1 号

【品种名称】酉苦1号。

【品种来源、育种方法】重庆市农业学校2007年从酉阳县后坪镇地方苦荞品种中选择的变异单株，按照系谱法选育成的苦荞新品种。2013年通过重庆市农作物品种审定委员会鉴定，鉴定证书编号：渝品审鉴2013001。

【形态特征及农艺性状】品种审定资料表明，酉苦1号为一年生苦荞，在酉阳栽培，生育期80～85d。幼苗出苗整齐、健壮，叶片中等大小、绿色，茎秆绿色；株型较紧凑，主茎分枝数6～7个，主茎节数约16节，株高90～105cm；花黄绿色，花柱同短，自花授粉；籽粒灰色、长锥形，有腹沟，千粒重20～24g，出粉率62.4%～65.8%。经贵州师范大学荞麦产业技术研究中心在贵阳栽培测定，酉苦1号全生育期73d，属中早熟品种。株高156.6cm，主茎分枝数4.8个，主茎节数17.8节；籽粒浅褐色、短锥形，单株粒重10.1g，千粒重18.9g。

【抗性特征】轻度倒伏，抗轮纹病。

【籽粒品质】重庆市农业学校检测，酉苦1号籽粒粗蛋白含量为10.40%，出粉率为63.50%，类黄酮含量为2.04%。

【适应范围与单位面积产量】适合在重庆荞麦产区种植。2011年秋季重庆区域试验平均产量为1 880.6kg/hm²，比对照增产17.5%；2012年春季重庆区域试验平均产量为1 929.9kg/hm²，比对照增产18.6%；2012年秋季重庆区域试验平均产量为1 919.4kg/hm²，比对照增产24.0%。生产试验表明，酉苦1号平均产量为1 923.9kg/hm²，比对照增产29.0%。2014年参加全国荞麦品种展示试验的平均产量为2 328.4kg/hm²，比各试点苦荞品种平均产量增产6.27%。该品种较适宜种植的省份为青海（4 403.0kg/hm²）、西藏（2 791.0kg/hm²）、吉林（2 671.6kg/hm²）、云南（2 626.9kg/hm²）、宁夏（2 462.7kg/hm²）、贵州（2 164.2kg/hm²）、四川（2 134.3kg/hm²）、山西（2 029.9kg/hm²）、内蒙古（2 014.9kg/hm²）、新疆（1 955.2kg/hm²）、甘肃（1 731.3kg/hm²）。

【用途】粮用、保健食品等。

酉苦1号

A.盛花期植株　B.成熟期植株　C.盛花期主花序　D.成熟期主果枝　E.种子

（图A—E来自云南省农业科学院王莉花）

酉荞3号

【品种名称】酉荞3号。

【品种来源、育种方法】重庆市农业学校2008年从城口县高观镇地方苦荞品种中选择的变异单株，按照系谱法选育成的苦荞新品种。2014年通过重庆市农作物品种审定委员会鉴定，鉴定证书编号：渝品审鉴2014006号。

【形态特征及农艺性状】品种审定资料表明，酉荞3号为一年生苦荞，生育期80～86d，属中熟品种。幼苗出苗整齐、健壮，叶片中等大小、绿色，茎秆绿色，株型较紧凑，主茎分枝4～8个，主茎节数12～16节，株高110～150cm；花黄绿色，花柱同短，自花授粉；籽粒棕褐色、锥形，有腹沟，千粒重20～25g。

【抗性特征】抗旱性、抗倒伏性好，落粒轻，抗病性较好。

【籽粒品质】重庆市农业学校测定，籽粒蛋白质含量为16.40%，脂肪含量为2.20%，硒含量为65.8μg/kg。利用酉荞3号生产的芽菜蛋白质含量为2.20%，脂肪含量为0.30%，硒含量＜10.0μg/kg。

酉荞3号

A.成熟期植株　B.开花期植株群体　C.种子

（图A—C来自重庆农业学校樊燕）

【适应范围与单位面积产量】适合在重庆荞麦产区种植，同时作为蔬菜食用口感较好，产量高，适合作为蔬菜新品种进行推广。2013年参加重庆市荞麦品种春播区域试验，平均产量为1 792.5kg/hm²，较对照增产3.90%；同年参加重庆市荞麦品种秋播区域试验，平均产量为1 676.6kg/hm²，较对照减产1.90%。2013年参加重庆市春播苦荞麦生产试验，平均产量为1 809.0kg/hm²，较对照增产4.54%；同年参加重庆市秋播苦荞麦生产试验，平均产量为1 643.3kg/hm²，比对照增产7.94%。2012年在重庆荞麦芽菜多因素试验中，酉荞3号芽菜产量最高，与其他品种间差异显著，且在36h浸种时间、25℃发芽温度条件下，将获得最大产量的芽菜。2012年在重庆荞麦芽菜品质试验中，酉荞3号每100g种子可生产芽菜达449.4g，较对照高47.80%；芽高12.8cm，比对照高0.3cm；脱壳率为92%，比对照多2个百分点；该品种在生育期、芽高、脱壳率和千粒重等指标上均优于对照。2013年在重庆荞麦芽菜品质试验中，酉荞3号每100g种子芽菜平均产量达524.0g，较对照增产50g，增幅23.60%，增产极显著；芽高14.3cm，比对照高2.3cm；脱壳率为97.00%，比对照多5个百分点；该品种在生育期、芽高、脱壳率和千粒重等指标方面均优于对照。该品种作为菜用芽菜，表现为长势整齐，无倒伏现象，产量较高。

【用途】粮用（荞米、荞粉、荞面等）、菜用（荞麦芽菜、苗菜）。

六 苦 2 号

【品种名称】六苦2号。

【SSR指纹】1110000011 1101100101 1111110001 0110001000 0001011010 0001010000 011（8105124605381526147）。

【品种来源、育种方法】贵州省六盘水职业技术学院张清明等于1997年以贵州西部梅花山荞麦产区的细米荞地方品种为材料，按系统选择法筛选优良变异单株，后经定向轮回选择育成的苦荞新品种。2006年通过全国小宗粮豆鉴定委员会鉴定，品种审定证书编号：国品鉴杂2006027号。

【形态特征及农艺性状】品种审定资料表明，六苦2号为一年生，全生育期80～105d，属中晚熟品种。幼苗健壮，长势旺盛，成株期茎叶带红色，叶色浓绿，叶片肥大，茎秆黄绿色，株型半紧凑，株高100～130cm，主茎分枝数5.3～7.3个，主茎节数15.8～17.8节；花黄绿色，花柱同短，自花授粉；籽粒短锥形、棕色，有腹沟，单株粒重3.0～3.6g，千粒重20.0～22.0g，出粉率70.00%；青秆成熟，后期熟性好（张清明等，2008a；段志龙、王常军，2012）。2005年辽宁省农业科学院及沈阳农业大学在辽宁省农业科学院作物研究所杂粮室旱田试验地的引种试验表明，六苦2号全生育期85d，属中熟品种。株高117.0cm，主茎分枝数8.8个，单株粒重9.6g，千粒重20.5g，花数423朵，籽粒灰白色、钝三棱形（崔天鸣等，2008）。2008年山西省农业科学院小杂粮研究中心引种试验表明，六苦2号株高106cm，主茎节数22.4节，主茎分枝数8.4个，单株粒重5g，千粒重18.6g（陈稳良等，2009）。2010年甘肃省定西市旱作农业科研推广中心苦荞品种比较试验表明，六苦2号全生育期115d，属晚熟品种。株高95.4cm，主茎分枝数7.1个，主茎节数19.8节，种子灰褐色、圆锥形，千粒重20.0g，单株粒重6.3g（贾瑞玲等，2011）。经贵州师范大学荞麦产业技术研究中心2013年测定，六苦2号千粒重为22.6g，千粒米重为17.4g，果壳率为23.01%。

【抗性特征】抗性强，适应性广。

【籽粒品质】经浙江大学农业与生物技术学院测定，六苦2号籽粒的芦丁含量为1.32%，清蛋白含量为7.60%，球蛋白含量为1.31%，醇溶蛋白含量为0.34%，谷蛋白含量为2.04%，总蛋白含量为15.40%（文平，2006）。经山西省农业科学研究院中心实验室测定，六苦2号籽粒的粗脂肪含量为3.42%，粗蛋白含量为13.75%，淀粉含量为65.92%，可溶性糖含量为

六苦2号

A.盛花期植株　B.成熟期植株　C.盛花期主花序　D.成熟期主果枝　E.种子

1.91%，总黄酮含量为2.25%，水分含量为11.08%（张清明等，2008a）。据贵州六盘水师范高等专科学校、贵州省六盘水职业技术学院测定，六苦2号籽粒总黄酮含量为30.61mg/g，三叶期总黄酮含量为43.98mg/g，四叶期根总黄酮含量为9.61mg/g、茎总黄酮含量为13.05mg/g、叶总黄酮含量为43.41mg/g，五叶期根总黄酮含量为16.49mg/g、茎总黄酮含量为24.90mg/g、叶总黄酮含量为55.07mg/g，初花期根总黄酮含量为31.62mg/g、茎总黄酮含量为19.52mg/g、花总黄酮含量为144.71mg/g，盛花期根总黄酮含量为10.26mg/g、茎总黄酮含量为8.36mg/g、花叶总黄酮含量为80.11mg/g（王玉珠等，2007；张清明等，2008b）。

【适应范围与单位面积产量】适合在陕西靖边、青海西宁、甘肃定西、宁夏固原等地种植，春播夏播均可（张明清，2009）。2002年参加品比试验的平均单产为2 461.5kg/hm²，比对照品种威宁白苦荞增产12.30%，在参试的6个品种中居第2。2003—2005年参加第7轮全国荞麦品种区域试验，3年平均单产为2 040.0kg/hm²，较对照品种九江苦荞增产6.00%，且在夏秋组中，该品种是3年平均单产唯一比对照增产的品种。2005年生产试验平均产量为1 431.0kg/hm²，较对照品种九江苦荞增产17.50%。2005年辽宁省农业科学院及沈阳农业大学在辽宁省农业科学院作物研究所杂粮室旱田试验地的引种试验表明，六苦2号折合平均产量为1 171.6kg/hm²，居参试品种第4（崔天鸣等，2008）。2010年甘肃省定西市旱作农业科研推广中心苦荞品种比较试验表明，六苦2号折合平均产量为2 133.0kg/hm²，比对照品种川荞1号增产23.08%，居参试品种第3（贾瑞玲等，2011）。

【用途】粮用、保健食品等。

六 苦 3 号

【品种名称】六苦3号，原名六苦2081。

【SSR指纹】1110001100 0001100101 1111110110 1110001000 0001011101 0001010100010（8179434046477804194）。

【品种来源、育种方法】贵州省六盘水职业技术学院张清明等于2004年以贵州八担山细米地方苦荞为材料，从混合群体中筛选出优良变异单株，采用系统选育法进行定向选择，于2008年育成。2011年通过贵州省农作物品种审定委员会审定，审定证书编号：黔审荞2011001号。

【形态特征及农艺性状】品种审定资料表明，六苦3号为一年生，全生育期94d左右，属中晚熟品种。株高95cm，株型紧凑，主茎分枝数5个左右，主茎节数17节左右；幼苗健壮、长势强，成株后植株高大，叶色浓绿，叶片肥大，茎秆绿色；花黄绿色，花柱同短，自花授粉；籽粒灰色、饱满、短锥形、有腹沟，单株粒数168粒，单株粒重4.1g，千粒重22.1g；青秆成熟，熟相良好（张清明等，2013）。2011年内蒙古民族大学农学院和内蒙古赤峰市农牧科学研究院资源与环境研究所引种试验表明，六苦3号全生育期92d，属晚熟品种。

株高152.2cm，主茎节数22节，主茎分枝数8个，茎粗6.7mm，单株粒数195粒，单株粒重4.1g，千粒重21.3g，籽粒杂粒率23.50%，种子灰色（唐超等，2014）。2011年赤峰市农牧科学研究院品种比较试验表明，六苦3号全生育期94d，属晚熟品种。株高152cm，主茎分枝数8个，主茎节数19节；籽粒灰色，单株粒数460粒，单株粒重8.3g，千粒重18.1g（廉宇，2014）。2011年甘肃省定西市旱作农业科研推广中心在定西的引种试验表明，六苦3号全生育期100d，属晚熟品种。株高106.0cm，主茎分枝数4.3个，主茎节数16.9节，单株粒数206.2粒，单株粒重4.4g，千粒重21.6g，结实率47.10%（马宁等，2012）。2011年贵州师范大学荞麦产业技术研究中心鉴定，六苦3号具有极强的耐铝性。经贵州师范大学荞麦产业技术研究中心2013年测定，六苦3号千粒重为21.8g，千粒米重为16.8g，果壳率为22.94%。山西省农业科学院高寒区作物研究所引种试验表明，六苦3号全生育期109d，属晚熟品种。株高130cm，主茎节数23.4节，一级分枝数7.6个；籽粒浅棕色，单株粒数197.6粒，单株粒重3.5g，千粒重17.8g（王慧等，2013）。青海省引种试验表明，六苦3号全生育期93d，属晚熟品种。主茎分枝数（4.37±0.81）个，主茎节数（17.93±1.01）节，株高（151.80±7.76）cm；单株粒数（242.86±53.32）粒，单株粒重（4.42±0.62）g，千粒重（18.38±1.34）g（闫忠心，2014）。贵州师范大学荞麦产业技术研究中心抗倒伏试验表明，六苦3号株高66.23cm，重心高度26.46cm，主茎节数16节（韦爽等，2015）。

【抗性特征】抗性强，不易落粒，耐旱。2011年内蒙古民族大学农学院和内蒙古赤峰市农牧科学研究院资源与环境研究所引种试验表明，六苦3号倒伏面积20.00%，属轻微程度倒伏；未发生立枯病，蚜虫发生率3.27%（唐超等，2014）。

【籽粒品质】经浙江大学农业与生物技术学院测定，六苦3号籽粒的芦丁含量为1.75%，清蛋白含量为6.21%，球蛋白含量为1.30%，醇溶蛋白含量为0.37%，谷蛋白含量为1.82%，总蛋白含量为13.11%（文平，2006）。贵州省理化研究院测定，六苦3号籽粒的粗蛋白含量为13.96%，黄酮含量为1.54%。贵州六盘水师范高等专科学校、贵州省六盘水职业技术学院测定了六苦3号各发育时期不同组织的黄酮含量情况，其中，籽粒总黄酮含量为25.83mg/g，三叶期总黄酮含量为56.98mg/g，四叶期根总黄酮含量为10.58mg/g、茎总黄酮含量为13.05mg/g、叶总黄酮含量为44.26mg/g，五叶期根总黄酮含量为11.90mg/g、茎总黄酮含量为46.09mg/g、叶总黄酮含量为56.60mg/g，初花期根总黄酮含量为23.54mg/g、茎总黄酮含量为18.76mg/g、叶总黄酮含量为124.64mg/g，盛花期根总黄酮含量为20.29mg/g、茎总黄酮含量为17.80mg/g、花叶总黄酮含量为111.84mg/g（王玉珠等，2007；张清明等，2008b）。2010年经贵州师范大学荞麦产业技术研究中心测定，六苦3号籽粒的硒含量为0.09mg/kg；2011年贵州师范大学荞麦产业技术研究中心测定，六苦3号在全国17个试点的总膳食纤维（TDF）平均含量为16.12%，不溶性膳食纤维（IDF）平均含量为13.74%，可溶性膳食纤维（SDF）平均含量为2.38%（李月等，2013a）。

【适应范围与单位面积产量】适合在贵州省不同海拔产区种植（张清明等，2013）。2008年参加品比试验，六苦3号平均产量为2 029.5kg/hm²，较对照品种九江苦荞增产9.4%，居参试品种第一。2009—2010年参加贵州省区域试验，两年区试共9个参试点次，8个试点增产，增产点比例为88.90%；两年平均产量为2 104.5kg/hm²，较对照品种九江苦荞增产12.16%，产量居参试品种第1。2011年内蒙古民族大学农学院和内蒙古赤峰市农牧科学研究院资源与环境研究所引种试验表明，六苦3号平均产量为2 200.8kg/hm²，居参试品种第9，比对照品种敖汉苦荞减产20.88%（唐超等，2014）。2011年甘肃省定西市旱作农业科研推广中心在定西的引种试验表明，六苦3号折合平均产量为3 293.3kg/hm²，比对照品种定引1号增产21.80%，居参试苦荞品种第1（马宁等，2012）。2013年参加全国荞麦品种展示试验的平均产量为1 970.1kg/hm²，比参试苦荞平均产量增产2.86%。青海省引种试验表明，平均产量为（5 073.5±310.06）kg/hm²（闫忠心，2014）。该品种较适宜种植的省份为青海（5 044.8kg/hm²）、宁夏（3 313.4kg/hm²）、云南（2 373.1kg/hm²）、山西（2 149.3kg/hm²）、甘肃（2 149.3kg/hm²）、西藏（2 059.7kg/hm²），各适应省份平均产量可达2 850.7kg/hm²。

【用途】粮用、保健食品等。

六苦3号

A.盛花期植株　B.成熟期植株　C.盛花期主花序　D.成熟期主果枝　E.种子

六苦荞 4 号

【**品种名称**】六苦荞 4 号。

【**SSR 指纹**】1110000011 1001100101 1101110001 0110001000 0001011010 0001010100 010 （8102871706056213154）。

【**品种来源、育种方法**】贵州省六盘水职业技术学院张清明等于 2006 年从滇宁 1 号中采

六苦荞 4 号

A.盛花期植株　B.成熟期植株　C.盛花期主花序　D.成熟期主果枝　E.种子

用单株选择法，经三代单株选择，第四代进行混合种植选育而成的苦荞新品种。2015年通过贵州省第六届农作物品种审定委员会审定，审定证书编号：黔审荞2015002号。

【形态特征及农艺性状】品种审定资料表明，六苦荞4号为一年生，全生育期82d，属中熟品种。幼苗健壮，长势强；成株后植株高大，叶色绿色，叶片肥大，茎秆绿色，株高99.2cm，主茎分枝数5个左右，主茎节数16节左右；花黄绿色，花柱同短，自花授粉；青秆成熟，后期熟相好；籽粒灰色饱满、短锥形，有腹沟。单株粒数169.4粒，单株粒重5.6g，千粒重20.5g。经贵州师范大学荞麦产业技术研究中心2013年测定，六苦荞4号千粒重为22.5g，千粒米重为17.0g，果壳率为24.44%。

【抗性特征】对常见病虫害抗性较强，抗旱性和抗倒伏性较强。

【籽粒品质】2012年经贵州安顺学院测定，六苦荞4号籽粒的黄酮含量为1.88%；经西安国联质量检测技术有限公司测定，籽粒中蛋白质含量为12.64%，黄酮含量为15.4g/kg。

【适应范围与单位面积产量】适应性广，稳产性好，春播、夏秋播均可，适合在贵州省荞麦产区种植。2012年参加贵州省区域试验平均产量为1 828.5kg/hm²，比对照增产8.4%；2013年参加贵州省区域试验平均产量为1 896.3kg/hm²，比对照增产14.60%；两年平均产量为1 881.0kg/hm²，比对照增产13.80%，两年13点次10增3减。2014年示范生产平均产量为2 047.5kg/hm²，较对照增产14.50%。2014年在国家苦荞展示试验中平均产量为2 316.0kg/hm²，比苦荞品种平均值产量增产4.70%，比对照增产11.77%，18试点12增6减，产量居第5。12个增产试点为：云南的迪庆、昆明，平均产量3 026.9kg/hm²、2 647.7kg/hm²，比对照增产15.09%和19.47%；西藏的拉萨、山南，平均产量4 194.6kg/hm²（居参试品种第1）、2 290.5kg/hm²，比对照增产74.36%和138.80%；内蒙古的通辽、武川，平均产量2 030.3kg/hm²、1 808.1kg/hm²，比对照增产2.15%和48.60%；青海的湟中，平均产量4 722.0kg/hm²，比对照增产11.56%；新疆农牧科学院基地，平均产量2 295.0kg/hm²，居参试品种第3；吉林白城，平均产量2 584.5kg/hm²，比对照增产6.00%；河北张北，平均产量1 090.5kg/hm²，居参试品种第8；贵州的六盘水、威宁，平均产量1 704.0kg/hm²、2 330.5kg/hm²，比对照增产20.90%和9.40%。试验结果表明，六苦荞4号适宜在云南、西藏、内蒙古、青海、新疆、吉林、河北、贵州等省、自治区推广种植。6个减产试点为四川凉山的西昌和冕宁、山西晋中和大同、甘肃定西、宁夏固原，减产幅度为1.22% ～ 50.40%。

【用途】粮用（荞米、荞粉、荞面等）、饮品（苦荞茶、荞糊）、调味品（苦荞酱油、苦荞醋）、保健食品等。

黔黑荞1号

【品种名称】黔黑荞1号，原名威黑4-4。

【SSR指纹】1110000011 1001100101 0100010111 0110001011 1001010010 0111010100 010

（8102866534944886434）。

【品种来源、育种方法】 贵州省威宁县农业科学研究所毛春等于1990年以高原黑苦荞为原始材料，利用物理诱变法，从诱变后代中选择接近育种目标的优良变异单株进行混合株选育成的苦荞品种。2002年通过贵州省农作物品种审定委员会审定命名，审定证书编号：黔审荞2002001号。宁夏农林科学院固原分院（原固原市农业科学研究所）常克勤等2003年引进选育，2009年通过宁夏回族自治区农作物品种审定委员会审定，审定证书编号：宁审荞2009001号。

【形态特征及农艺性状】 品种审定资料表明，黔黑荞1号为一年生苦荞，全生育期存在地区差异，贵州威宁80～90d，属中熟品种；宁夏固原93～98d，属中晚熟品种。幼苗生长旺盛，茎叶深绿，叶片肥大、三角形，株型紧凑，株高72～125cm，主茎分枝数4.3～5.1

黔黑荞1号

A.盛花期植株　B.成熟期植株　C.盛花期主花序　D.成熟期主果枝　E.种子

个，主茎节数13.5～15.0节；花黄绿色，花柱同短，自花授粉；籽粒黑色、短锥形、有腹沟，单株粒数223.8粒，单株粒重2.0～3.3g，千粒重21.5～22.0g；面粉品质好，出粉率为70.00%。田间生长势强，生长整齐，结实集中（毛春等，2004）。郑君君等（2009）测定，黔黑荞1号千粒重18.32g，容重675g/L，水分含量为11.43%。2009年宁夏回族自治区彭阳县种子管理站在原州区头营科研基地川旱地引种试验表明，黔黑荞1号全生育期84d，属中熟品种。株高65.0cm，株型紧凑，主茎分枝数8.8个，主茎节数16.3节，单株粒重2.4g，千粒重13.8g（王学山、杨存祥，2009；王收良等，2010）。经贵州师范大学荞麦产业技术研究中心2013年测定，黔黑荞1号千粒重为22.3g，千粒米重为17.3g，果壳率为22.42%。

【抗性特征】抗旱、抗病、抗倒伏，耐瘠薄，不易落粒。2009年宁夏回族自治区彭阳县种子管理站在原州区头营科研基地川旱地引种试验表明，黔黑荞1号抗旱性强，抗倒伏性中等，无病害发生。

【籽粒品质】经农业部谷物及制品质量监督检验测试中心（哈尔滨）测定，黔黑荞1号籽粒的粗蛋白含量为14.05%，粗脂肪含量为2.60%，粗纤维含量为19.27%，灰分含量为2.16%，水分含量为9.27%。郑君君等（2009）测定，黔黑荞1号面粉水分含量为17.39%，灰分含量为1.12%，心粉粗蛋白含量为7.70%、皮粉粗蛋白含量为23.50%，粗纤维含量为0.70%，心粉淀粉含量为41.09%、皮粉淀粉含量为65.22%，直链淀粉含量为28.30%，总黄酮含量为5.26%，出粉率63.40%。徐笑宇等（2015）测定，黔黑荞1号籽粒黄酮含量为18.57mg/g。

【适应范围与单位面积产量】适合在海拔1 800～2 400m中下等肥力土地上种植，以及宁南山区干旱、半干旱荞麦产区种植。1995—1996年参加品比试验，平均产量为2 272.5kg/hm²，比对照细白苦荞增产51.80%。1997—1999年参加第5轮全国苦荞区域试验，3年平均产量为1 973.5kg/hm²，比对照品种九江苦荞增产9.50%。2000—2001年参加生产试验，平均产量为2 149.0kg/hm²，比对照品种九江苦荞平均增产26.50%。当地大面积种植，平均产量为2 049.0kg/hm²，比地方品种平均增产28.50%。2005—2007年参加宁南山区荞麦生产试验，3年平均产量为2 280.0kg/hm²，较对照品种宁荞2号增产14.90%。2009年宁夏回族自治区彭阳县种子管理站在原州区头营科研基地川旱地引种试验表明，黔黑荞1号折合平均产量为1 300.0kg/hm²，比对照品种固原苦荞增产49.43%，居参试品种第5（王学山、杨存祥，2009；王收良等，2010）。

【用途】粮用（荞米、荞粉、荞面等）、保健食品、蔬菜等。

黔 苦 2 号

【品种名称】黔苦2号，原名威93-8。
【SSR指纹】1110000011 1001100101 1111110111 0110011100 0001011010 0111010100 011（8102872857275223715）。

【品种来源、育种方法】贵州省威宁县农业科学研究所毛春等以当地种植多年并已退化的地方品种老鸦苦荞为亲本材料，筛选优良变异单株，经加代选育而成的苦荞品种。2004年通过全国小宗粮豆鉴定委员会鉴定，定名为黔苦2号，审定证书编号：国品鉴杂2004015号。

【形态特征及农艺性状】品种审定资料表明，黔苦2号为一年生苦荞，全生育期80d左右，属中熟品种。幼茎淡紫绿色，株型紧凑，株高90.5cm，主茎分枝数2.8个，主茎节数12.5节；花黄绿色，花柱同短，自花授粉；籽粒灰色、短锥形、有腹沟，单株粒重2.6g，千粒重21.8g（毛春等，2005b；段志龙、王常军，2012）。2009年宁夏回族自治区彭阳县种子管理站在原州区头营科研基地川旱地引种试验表明，黔苦2号全生育期86d，属中熟品种。株高66.0cm，株型紧凑，主茎分枝数7个，主茎节数15.4节，单株粒重2.6g，千粒重13.0g（王学山、杨存祥，2009；王收良等，2010）。经贵州师范大学荞麦产业技术研究中心2013

黔苦2号

A.盛花期植株　B.成熟期植株　C.盛花期主花序　D.成熟期主果枝　E.种子

年测定，黔苦2号千粒重为23.6g，千粒米重为18.5g，果壳率为21.61%。

【抗性特征】抗倒伏、抗旱，耐瘠薄，不易落粒。2009年宁夏回族自治区彭阳县种子管理站在原州区头营科研基地川旱地的引种试验表明，黔苦2号抗旱性中等，抗倒伏性强，无病害发生。

【籽粒品质】2002年经山西省农业科学院中心实验室测定，黔苦2号籽粒的粗蛋白含量为13.69%，粗脂肪含量为3.53%，淀粉含量为71.60%，籽粒芦丁含量为2.60%、麸皮芦丁含量为6.31%。2010年经山西省农业科学院小杂粮研究中心测定，黔苦2号每100g干种子的硒含量为17.38μg（李秀莲等，2011a）。徐笑宇等（2015）测定，黔苦2号籽粒黄酮含量为19.02mg/g。

【适应范围与单位面积产量】适合在甘肃、贵州、湖南、陕西、云南、四川等省的荞麦产区种植。1995—1996年参加品比试验，两年平均单产1 950.0kg/hm²，居参试品种第1。1997—1999年参加全国苦荞区试，3年区试，黔苦2号平均单产1 483.1kg/hm²，比对照品种九江苦荞平均增产1.70%，比当地对照品种平均增产0.60%。2000—2001年参加生产试验，两年生产试验，黔苦2号平均单产2 070.0kg/hm²，比当地主栽品种细白苦荞增产26.80%。2009年宁夏回族自治区彭阳县种子管理站在原州区头营科研基地川旱地引种试验表明，黔苦2号折合平均产量为860.0kg/hm²，比对照品种固原苦荞减产1.15%，居参试品种第8（王学山、杨存祥，2009）。贵州省毕节地区农业科学研究所构建的黔苦2号在黔西北高海拔地区春播产量高于2 800.0kg/hm²的优化栽培方案为：播种量67.1～74.9kg/hm²，施氮（N）量28.9～40.1kg/hm²，施磷（P_2O_5）量179.1～210.9kg/hm²，施钾（K_2O）量43.9～61.1kg/hm²（马俊等，2008）。

【用途】粮用（荞米、荞粉、荞面、荞酥等）、保健食品、菜用等。

黔 苦 3 号

【品种名称】黔苦3号，原名黔威3号。

【SSR指纹】1110000011 1001100101 1101110001 0110011000 0001011010 0001000100 010（81028717706190430754）。

【品种来源、育种方法】贵州省威宁县农业科学研究所毛春等于1996年以威宁凉山苦荞为材料，采用单株选择法育成的苦荞品种。2008年通过国家小宗粮豆鉴定委员会鉴定，定名为黔苦3号，审定证书编号：国品鉴杂2008002号。

【形态特征及农艺性状】品种审定资料表明，黔苦3号为一年生，全生育期90d左右，属中熟品种。幼苗绿色，茎叶深绿，叶片肥大，株型紧凑，株高107.4cm，主茎分枝数4.3个，主茎节数15.5节；花黄绿色，花柱同短，自花授粉；籽粒灰色、短锥形、有腹沟，单株粒重4.8g，千粒重23.4g（毛春等，2010）。2005年辽宁省农业科学院作物研究所及沈阳农业大学在辽宁省农业科学院作物研究所杂粮室旱田试验地的引种试验表明，黔苦3号全生育期82d，属中熟品种。株高116.7cm，主茎分枝数7.3个，单株粒重7.4g，千粒重21.3g，籽粒灰白色、钝三棱形（崔天鸣等，2008）。黔西北高海拔生态区播期试验表明，黔苦3号全生育期为96d，属晚熟品种。株高114cm，主茎节数13.6节，分枝数3个，单株粒重2.5g，千粒重23.5g（杨远平等，2008）。2010年甘肃省定西市旱作农业科研推广中心苦荞品种比较试验表明，黔苦3号全生育期112d，属晚熟品种。株高94.9cm，主茎分枝5.3个，主茎节数17节，种子红褐色、长锥形，单株粒重1.6g，千粒重17.0g（贾瑞玲等，2011）。2011年内蒙古民族大学农学院和内蒙古赤峰市农牧科学研究院资源与环境研究所引种试验表明，黔苦3号全生育期87d，属中熟品种。株高164.7cm，主茎节数20节，主茎分枝数6个，茎粗5.4mm，单株粒数238粒，单株粒重5.3g，千粒重22.2g，籽粒杂粒率13.00%，种子深灰色（唐超等，2014）。2011年甘肃省定西市旱作农业科研推广中心在定西的引种试验表明，黔苦3号全生育期87d，属中熟品种。株高83.0cm，主茎分枝数2.2个，主茎节数11.8节，单株粒数106.5粒，单株粒重2.1g，千粒重19.6g，结实率45.63%（马宁等，2012）。山西省农业科学院高寒区作物研究所引种试验表明，黔苦3号全生育期97d，属晚熟品种。株高132cm，主茎节数17.5节，一级分枝数4.8个；籽粒棕褐色，单株粒数165.6粒，单株粒重2.8g，千粒重16.6g（王慧等，2013）。经贵州师范大学荞麦产业技术研究中心2013年测定，黔苦3号千粒重为25.2g，千粒米重为19.5g，果壳率为22.62%。

【抗性特征】 抗病、抗旱、抗寒，不易落粒，适应性强。2011年内蒙古民族大学农学院和内蒙古赤峰市农牧科学研究院资源与环境研究所引种试验表明，黔苦3号倒伏面积10.00%，属轻微程度倒伏，未发生立枯病及蚜虫为害（唐超等，2014）。

【籽粒品质】 品种审定资料表明，黔苦3号籽粒的粗蛋白含量为13.45%，粗脂肪含量为3.33%，淀粉含量为66.20%，总黄酮含量为2.33%。经浙江大学农业与生物技术学院测定，黔苦3号籽粒的芦丁含量为1.28%，清蛋白含量为6.97%，球蛋白含量为1.38%，醇溶蛋白含量为0.43%，谷蛋白含量为2.17%，总蛋白含量为16.11%（文平，2006）。贵州六盘水师范高等专科学校、贵州省六盘水职业技术学院测定了黔苦3号全生育期各重要组织的黄酮含量，其中，籽粒总黄酮含量为27.74mg/g，三叶期叶总黄酮含量为52.78mg/g，四叶期根总黄酮含量为11.69mg/g、茎总黄酮含量为18.02mg/g、叶总黄酮含量为44.18mg/g，五叶期根总黄酮含量为19.55mg/g、茎总黄酮含量为27.17mg/g、叶总黄酮含量为50.87mg/g，初花期根总黄酮含量为21.43mg/g、茎总黄酮含量为19.33mg/g、叶总黄酮含量为60.04mg/g，盛花期根总黄酮含量为18.50mg/g、茎总黄酮含量为17.80mg/g、花叶总黄酮含量为80.36mg/g（王玉珠等，2007；张清明等，2008b）。黔苦3号苦荞根芦丁含量为136.72mg/g，槲皮素含量为62.52mg/g，总黄酮含量为226.02mg/g（谭玉荣等，2012）。徐笑宇等（2015）测定，黔苦3号籽粒黄酮含量为18.76mg/g。

【适应范围与单位面积产量】 适合在内蒙古武川，陕西榆林，宁夏原州、西吉，甘肃定西，四川昭觉、康定，贵州威宁、六盘水，云南丽江等荞麦产区种植。2001—2002年进行品比试验，其中，2001年平均产量为2 133.0kg/hm²，比对照品种九江苦荞增产16.70%；2002年平均产量为2 110.5kg/hm²，比对照品种九江苦荞增产18.40%。2003—2005年参加国家品种区域试验，其中，2003年西南组平均产量为2 323.5kg/hm²，比对照品种九江苦荞增产18.40%，居参试品种第1，增产点比例75.00%；西北组平均产量为2 245.5kg/hm²，比对照品种九江苦荞增产2.30%，居参试品种第4，增产点比例77.80%。2004年西南组平均产量为2 080.8kg/hm²，比对照品种九江苦荞增产26.60%，居参试品种第1，增产点比例100.00%；西北组平均产量为2 554.5kg/hm²，比对照品种九江苦荞增产17.10%，居参试品种第1，增产点比例90.00%。2005年西南组平均产量为2 561.0kg/hm²，比对照品种九江苦荞增产7.30%，居参试品种第1，增产点比例71.40%；西北组平均产量为2 299.5kg/hm²，比对照品种九江苦荞增产17.70%，居参试品种第1，增产点比例77.80%。2005年生产试验的平均产量为1 717.5kg/hm²，比对照品种九江苦荞平均增产20.00%。2005年辽宁省农业科学院作物研究所及沈阳农业大学在辽宁省农业科学院作物研究所杂粮室旱田试验地的引种试验表明，黔苦3号折合平均产量为1 537.3kg/hm²，居参试品种第1（崔天鸣等，2008）。2007年生产试验平均产量为2 490.0kg/hm²，比对照品种九江苦荞增产33.40%。毕节地区农业科学研究所秋

黔苦3号

A.盛花期植株　B.成熟期植株　C.盛花期主花序　D.成熟期主果枝　E.种子

播高产栽培试验表明，黔苦3号产量为2 117.4 ～ 2 858.7kg/hm²，而公顷产量高于2 550.0kg 的优化栽培技术方案为：播种量63.6 ～ 70.4kg/hm²，施氮（N）量30.6 ～ 38.4kg/hm²，施磷（P₂O₅）量173.1 ～ 216.9kg/hm²，施钾（K₂O）量60.1 ～ 69.1kg/hm²（阮培均等，2008a；王孝华等，2008）。2010年甘肃省定西市旱作农业科研推广中心苦荞品种比较试验表明，黔苦3号折合平均产量为1 933.0kg/hm²，比对照品种川荞1号增产11.54%（贾瑞玲等，2011）。2011年内蒙古民族大学农学院和内蒙古赤峰市农牧科学研究院资源与环境研究所引种试验表明，黔苦3号平均产量为3 121.7kg/hm²，居参试品种第3，比对照品种敖汉苦荞增产12.22%（唐超等，2014）。2011年甘肃省定西市旱作农业科研推广中心在定西的引种试验表明，黔苦3号折合平均产量为2 736.7kg/hm²，比对照品种定引1号增产4.90%，居参试苦荞品种第4（马宁等，2012）。2011—2013年参加全国荞麦品种展示试验，3年平均产量为1 835.8kg/hm²，比参试苦荞平均产量减产6.81%。该品种较适宜种植的省份为甘肃（2 626.9kg/hm²）、陕西（2 537.3kg/hm²）、青海（2 522.4kg/hm²）、河北（2 223.9kg/hm²）。

【用途】粮用、保健食品等。

黔 苦 4 号

【品种名称】黔苦4号，原名黔威2号。

【SSR指纹】1110000011 1001100100 0011110001 0110001000 0001011101 0001010100 010（8102857412405076642）。

【品种来源、育种方法】贵州省威宁县农业科学研究所毛春等1994年以四川凉山地区多年种植的主栽品种高原苦荞为亲本，从混合群体中选择优良变异单株，1997年从入选的11个品系中筛选出一个优良品系Q-7号，并命名为黔威2号。2004年通过全国小宗粮豆鉴定委员会鉴定，定名为黔苦4号，品种审定证书编号：国品鉴杂2004016号；2009年通过山西省农作物品种审定委员会认定，审定编号：晋审荞认2009001。

【形态特征及农艺性状】品种鉴定资料表明，黔苦4号为一年生，全生育期83d，属中熟品种。株型松散，株高约96.2cm；幼茎绿色，生长整齐，长势中等，茎粗；主茎分枝数5.4个，主茎节数14.5节；花黄绿色，花柱同短，自花授粉；籽粒灰褐色、长锥形、有腹沟，单株粒重4.1g，千粒重20.2g，熟相好（毛春等，2005a；段志龙、王常军，2012）。2003—2004年山西省农业科学院高寒区作物研究所引种试验表明，黔苦4号全生育期103d，属晚熟品种；株高136.2cm，主茎节数13.8节，一级分枝3个，花簇数22.3个，单株粒数183.1粒，单株粒重3.16g，千粒重19.1g（王健胜，2005；杨明君等，2006）。赵明勇等（2008）在黔西北高海拔地区栽培试验表明，黔苦4号因播种期差异，其全生育期介于75 ～ 93d，属中晚期品种；株高63.2 ～ 102.3cm，主茎节数10.2 ～ 13.4节，主茎分枝数2.0 ～ 3.4个，单株粒重1.0 ～ 2.5g，千粒重13.5 ～ 21.3g。经贵州师范大学荞麦产业技术研究中心2013年测定，黔苦4号千粒重为22.1g，千粒米重为17.2g，果壳率为22.17%。

【抗性特征】抗倒伏、抗旱、抗病，耐瘠薄，不易落粒。

【籽粒品质】品种鉴定资料表明，黔苦4号籽粒的粗蛋白含量为13.25%，粗脂肪含量为3.53%，粗淀粉含量为71.67%，芦丁含量为1.10%。经浙江大学农业与生物技术学院测定，黔苦4号籽粒的芦丁含量为1.23%（文平，2006）。徐笑宇等（2015）测定，黔苦4号籽粒黄酮含量为18.69mg/g。

【适应范围与单位面积产量】适合在贵州、四川、甘肃、内蒙古、山西苦荞中早熟区种植。1998—1999年进行品比试验，两年平均产量为2 268.0kg/hm²，居参试品种首位，比对照品种九江苦荞平均增产30.00%。2000—2002年参加第6轮国家苦荞区域试验，3年平均产量为1 549.5kg/hm²，居参试品种第3。在贵州、四川、甘肃、内蒙古试点平均产量为

黔苦4号

A.盛花期植株　B.成熟期植株　C.盛花期主花序　D.成熟期主果枝　E.种子

2 693.4kg/hm²，比当地对照品种平均增产68.30%，其中，在甘肃平凉、四川昭觉、贵州威宁等试点表现为高产。2003年在贵州贵阳和六盘水、四川昭觉、甘肃定西4个试点进行生产试验，平均产量为2 098.5kg/hm²，比统一对照九江苦荞增产6.00%。2003—2004年山西省农业科学院高寒区作物研究所引种试验表明，黔苦4号两年平均产量为3 116.4kg/hm²，比对照品种广灵苦荞1号增产70.60%，居参试品种第2。毕节地区农业科学研究所秋播高产栽培试验表明，黔苦4号公顷产量2 550.0kg以上的优化栽培技术方案为：播种量35.1 ~ 44.4kg/hm²，施氮（N）量52.6 ~ 67.4kg/hm²，施磷（P_2O_5）量168.5 ~ 221.5kg/hm²，施钾（K_2O）量53.5 ~ 64.1kg/hm²（阮培均等，2008b）。黔西北温凉生态区春播试验表明，黔苦4号公顷产量2 700.0kg以上的农艺措施为：播种量30.8 ~ 36.7kg/hm²，施氮（N）量22.2 ~ 29.5kg/hm²，施磷（P_2O_5）量171.1 ~ 218.9kg/hm²，施钾（K_2O）量46.1 ~ 58.9kg/hm²（程国尧等，2009）。

【用途】粮用（加工荞米、荞粉、荞面等）、菜用（荞麦苗可作为蔬菜）、加工饮料（制作苦荞茶）等。

黔苦荞5号

【品种名称】黔苦荞5号，原名威苦01-374。

【SSR指纹】1110100011 1001101001 1100010110 1110001000 0001011010 0111000100 000（8391136489190936096）。

【品种来源、育种方法】贵州省威宁县农业科学研究所毛春等以威宁雪山地方品种小米苦荞为亲本，采用单株选择法系统选育而成的苦荞品种。2010年通过国家小宗粮豆鉴定委员会鉴定，定名为黔苦荞5号，品种审定证书编号：国品种鉴杂2010010号。

【形态特征及农艺性状】经贵州师范大学荞麦研究中心在柏杨村试验站考察，黔苦荞5号为一年生，全生育期87d左右，属中熟品种。主茎基部空心不坚实，主茎绿色；株高123.5cm，株型松散，主茎分枝数6.5个；花序松散呈串，花黄绿色，花柱同短，自花授粉；单株粒数217粒，单株粒重4.5g，千粒重21.0g；籽粒灰色、锥形，表面粗糙，棱钝，有腹沟，无刺，无翅（毛春等，2011）。2006—2008年参加第8轮国家苦荞品种北方组区域试验表明，黔苦荞5号全生育期92d，属晚熟品种。株高120.7cm，主茎分枝数5.7个，主茎节数15.4节，单株粒重3.6g，千粒重16.8g；南方组区域试验表明，黔苦荞5号全生育期85d，属中熟品种。株高112.9cm，主茎分枝数5.1个，主茎节数15.4节，单株粒重4.4g，千粒重18.7g（王莉花等，2012）。2006—2008年山西省农业科学院五寨试验站晋西北荞麦引种试验表明，黔苦荞5号全生育期平均111d，属晚熟品种。株高96cm，株型松散，花绿色；籽粒灰色，锥形；主茎分枝数3.4个，主茎节数12 ~ 13节，单株粒重1.9g，千粒重13.2g（韩美善等，2010）。2011年内蒙古民族大学农学院和内蒙古赤峰市农牧科学研究院资源与环境研究所引种试验表明，黔苦荞5号全生育期88d，属中熟品种。株高170.7cm，主茎节数17节，主茎分枝数6个，茎粗6.6mm，单株粒数269粒，单株粒重5.1g，千粒重19.0g，籽粒杂粒率50.00%，种子浅灰色（唐超等，2014）。2011年甘肃省定西市旱作农业科研推广中心在定西的引种试验表明，黔苦荞5号全生育期87d，属中熟品种。株高108.0cm，主茎分枝数3.7个，主茎节数16.6节，单株粒数171.5粒，单株粒重3.0g，千粒重17.4g，结实率45.90%（马宁等，2012）。2012年山西省右玉县农业委员会在右玉县高家堡乡进行的苦荞引种试验表明，黔苦荞5号全生育期87d，属中熟品种。株高128.6cm，主茎分枝7.4个，主茎节数23.8节，单株粒重3.7g，千粒重14.8g（程树萍，2012）。经贵州师范大学荞麦产业技术研究中心2013年测定，黔苦荞5号千粒重为19.7g，千粒米重为14.6g，果壳率为25.89%。山西省农业科学院高寒区作物研究所引种试验表明，黔苦荞5号全生育期97d，属晚熟品种。株高155cm，

黔苦荞5号

A.盛花期植株　B.成熟期植株　C.盛花期主花序　D.成熟期主果枝　E.种子

主茎节数20.1节，一级分枝数5.5个；单株粒数261.4粒，单株粒重4.0g，千粒重15.1g（王慧等，2013）。

【抗性特征】轻微倒伏，抗病、抗旱、抗寒，不易落粒。2011年内蒙古民族大学农学院和内蒙古赤峰市农牧科学研究院资源与环境研究所引种试验表明，黔苦荞5号倒伏面积40.00%，属中等程度倒伏；无立枯病、蚜虫发生（唐超等，2014）。

【籽粒品质】经贵州省威宁县农业科学研究所测定，黔苦荞5号籽粒水分含量为11.58%，粗脂肪含量为3.21%，粗蛋白含量为12.72%，粗淀粉含量为62.72%，总黄酮（芦丁）含量为2.70%。经贵州师范大学荞麦研究中心测定，黔苦荞5号籽粒的总膳食纤维含量为16.97%，不溶性膳食纤维含量为13.27%，可溶性膳食纤维含量为3.70%。徐笑宇等（2015）测定，黔苦荞5号籽粒黄酮含量为15.11mg/g。

【适应范围与单位面积产量】适合在贵州、内蒙古、宁夏、甘肃、山西、陕西等省、自治区种植。2005年进行品种比较试验，平均产量为2 235.5kg/hm²，比对照品种九江苦荞增产20.30%，比地方品种增产26.60%。2006—2008年参加第8轮国家苦荞品种北方组区域试验表明，黔苦荞5号2006年平均产量1 566.2kg/hm²，居参试品种第4，比对照品种九江苦荞增产6.24%；2007年平均产量为1 981.8kg/hm²，居参试品种第6，比对照品种九江苦荞增产17.74%；2008年平均产量为2 307.1kg/hm²，居参试品种第8，比对照品种九江苦荞增产3.52%；3年平均产量为1 919.4kg/hm²，比对照品种九江苦荞增产8.40%，居参试品种第3。在山西大同，甘肃定西，宁夏固原、盐池等试点表现较好。2006—2008年山西省农业科学院五寨试验站晋西北荞麦引种试验表明，黔苦荞5号2006年折合平均产量为1 533.0kg/hm²，2007年折合平均产量为1 767.0kg/hm²，2008年折合平均产量为1 383.0kg/hm²，3年平均产量为1 561.0kg/hm²，比参试苦荞品种平均产量增产6.05%，居参试品种第6（韩美善等，2010）。2009年在内蒙古达拉特、山西大同、宁夏固原3个试点进行生产试验，平均单产为2 011.5kg/hm²，较统一对照品种九江苦荞平均增产15.03%，在山西大同试点较当地对照品种平均增产29.12%。2011年内蒙古民族大学农学院和内蒙古赤峰市农牧科学研究院资源与环境研究所引种试验表明，黔苦荞5号平均产量为2 560.1kg/hm²，居参试品种第7，比对照品种敖汉苦荞减产7.97%（唐超等，2014）。2012年山西省右玉县农业委员会在右玉县高家堡乡进行苦荞引种试验，黔苦荞5号平均单产为1 270.5kg/hm²，比对照品种黑丰1号增产1.60%，但差异不显著，居参试品种第6（程树萍，2012）。2011年甘肃省定西市旱作农业科研推广中心在定西的引种试验表明，黔苦荞5号折合平均产量为3 043.3kg/hm²，比对照品种定引1号增产12.60%，居参试苦荞品种第3（马宁等，2012）。2011、2014年参加全国荞麦品种展示试验，其中，2011年平均产量为1 761.2kg/hm²，比参试苦荞平均减产3.68%；2014年平均产量为2 388.1kg/hm²，比参试苦荞平均增产8.98%；2年平均产量为2 074.6kg/hm²，比参试苦荞平均增产2.46%。该品种较适宜种植的省份为青海（3 089.6kg/hm²）、吉林（2 880.6kg/hm²）、甘肃（2 791.0kg/hm²）、陕西（2 671.6kg/hm²）、西藏（2 582.1kg/hm²）、云南（2 462.7kg/hm²）、宁夏（2 417.9kg/hm²）、内蒙古（2 417.9kg/hm²）、贵州（2 283.6kg/hm²）、四川（2 268.7kg/hm²）、山西（1 895.5kg/hm²）、河北（1 597.0kg/hm²）、新疆（1 328.4kg/hm²）。

【用途】粮用（荞米、荞粉、荞面等）、保健食品、饮料等。

黔苦荞6号

【品种名称】黔苦荞6号，原名威苦1号，品系代号为威苦02-298。

【SSR指纹】1110000000 0001100100 0000010000 0110001000 0000000010 0001000000 010
（8071330282277454338）。

黔苦荞6号

A.盛花期植株　B.成熟期植株　C.盛花期主花序　D.成熟期主果枝　E.种子

【品种来源、育种方法】贵州省威宁县农业科学研究所毛春等于2002年以地方品种麻乍苦荞、黄皮荞混合群体为材料，通过单株选择育成的苦荞品种。2011年通过贵州省第五届农作物品种审定委员会审定，定名为黔苦荞6号，品种审定证书编号：黔审荞2011002号。

【形态特征及农艺性状】品种审定资料表明，黔苦荞6号一年生，全生育期93d，属中熟品种。株型紧凑，株高85.6cm，幼茎淡绿色，叶片浓绿，主茎节数17.4节，主茎分枝数6.1个；花浅绿色，花柱同短，自花授粉；单株粒重3.7g，千粒重23.7g，籽粒灰色、有腹沟、饱满（毛春等，2012）。经贵州师范大学荞麦产业技术研究中心2013年测定，黔苦荞6号千粒重为22.8g，千粒米重为17.3g，果壳率为24.12%。

【抗性特征】抗病，耐旱、耐寒，抗蚜虫，适应性强，不易落粒。

【籽粒品质】品种审定资料表明，黔苦荞6号籽粒总黄酮（芦丁）含量为1.61%。2010年贵州师范大学荞麦产业技术研究中心测定，黔苦荞6号在贵州省6个试点的蛋白质含量变异幅度为9.51%～16.47%，平均值13.20%，其中威宁和六盘水试点的荞麦蛋白质含量显著高于其他试点（时政等，2011c）。另据其测定，黔苦荞6号黄酮含量为1.05%，施用20～80mg/L范围内的GA_3能适度提高黄酮含量0.08%～0.24%，但是IAA（50～200mg/L范围内）均会显著降低黄酮含量（0.47%～0.72%）（宋毓雪等，2014）。

【适应范围与单位面积产量】适合在海拔650～2 300m的贵州贵阳、威宁、沿河、毕节等荞麦产区推广种植。2006年参加品系比较试验，黔苦荞6号产量为2 320.5kg/hm²，居参试品种第1，比各对照品种增产17.60%～31.30%。2007—2008年参加品种比较试验，平均产量为2 317.5kg/hm²，居参试品种第1，比各对照品种增产21.60%～27.40%。2009—2010年参加贵州省区域试验，两年10点次平均产量为2 029.8kg/hm²，比对照品种九江苦荞增产8.20%，增产点数为60.00%。2011年在威宁县草海镇大桥民族村威宁县农业科学研究所试验地进行生产试验，平均产量为3 150.0kg/hm²，比对照品种九江苦荞增产15.40%，比当地主栽品种细白米苦荞增产13.50%。2014年参加全国荞麦品种展示试验，平均产量为2 283.6kg/hm²，比各点苦荞品种平均产量增产4.08%。该品种较适宜种植的省份为青海（4 731.3kg/hm²）、宁夏（2 895.5kg/hm²）、云南（2 656.7kg/hm²）、西藏（2 567.2kg/hm²）、四川（2 507.5kg/hm²）、吉林（2 417.9kg/hm²）、内蒙古（2 014.9kg/hm²）、贵州（1 835.8kg/hm²）、山西（1 686.6kg/hm²）、新疆（1 477.6kg/hm²）、甘肃（1 388.1kg/hm²）。

【用途】粮用、苦荞酒、保健食品等。

黔苦荞7号

【品种名称】黔苦荞7号，原编号WK-189。

【品种来源、育种方法】贵州省威宁县农业科学研究所毛春等从威宁县草海镇地方苦荞品种冷饭团经系统选育而成。该品种于2013年通过全国小杂粮品种鉴定委员会鉴定，鉴定证书编号：国品鉴杂2013001号。

【形态特征及农艺性状】品种审定资料表明，黔苦荞7号一年生，生育期75～80d，属中熟品种。株型松散，株高107.8～111.3cm，幼茎淡绿色，叶片浓绿、肥大，主茎13.0～13.9节，主茎分枝数4.7～6.5个；花淡绿色，花柱同短，自花授粉；单株粒重3.6～4.8g，千粒重20.8～21.7g，籽粒褐色、锥形，不易落粒。

【抗性特征】抗病、抗旱、抗寒，适应性强。

【籽粒品质】籽粒水分含量11.10%，粗脂肪含量3.30%，粗蛋白含量16.40%，粗淀粉含量62.72%，总黄酮（芦丁）含量1.90%。

【适应范围与单位面积产量】适合在重庆永川，贵州威宁，云南昭通、迪庆、丽江，四川昭觉、西昌种植。

2008年在威宁农业科学研究所进行的品种比较试验中，黔苦荞7号产量为2 827.3kg/hm²，比对照九江苦荞增产45.64%，位居第1。2009—2011年参加国家苦荞品种区域试验，参试品种9个，2009年黔苦荞7号平均产量为2 965.7kg/hm²，比对照九江苦荞增产2.75%，居参试品种第1。2010年平均产量为2 744.8kg/hm²，比对照九江苦荞增产21.99%，居参试品种第1。在四川西昌、昭觉，云南昭通、迪庆、丽江，贵州威宁等试点表现较好。2011年平均产量为3 609.0kg/hm²，比对照九江苦荞增产20.00%，居参试品种第1。3年区试汇总（南方组）：平均产量为3 091.2kg/hm²，比对照九江苦荞增产14.00%，居参试品种第1。在贵州威宁，云南昭通、迪庆、丽江，重庆永川，四川昭觉等试点表现较好。

2011年黔苦荞7号在四川昭觉、贵州威宁、云南迪庆、重庆永川4个试点进行生产试验，产量比对照品种九江苦荞（CK1）增产21.50%，比当地对照品种（CK2）增产19.00%。

【用途】粮用（荞米、荞粉、荞面等）、保健食品等。

黔苦荞7号

（照片来自贵州省威宁县农业科学研究所毛春）

迪苦1号

【品种名称】迪苦1号。

【SSR指纹】1110100011 1001101101 0100010111 0110001011 1001010010 0001010100 010
（8391167279840772770）。

迪苦1号

A. 盛花期植株　B. 成熟期植株　C. 盛花期主花序　D. 成熟期主果枝　E. 种子

【品种来源、育种方法】云南省迪庆藏族自治州农业科学研究所提布等于2003—2005年以迪庆高原坝区地方农家品种为材料，通过单株混合选择法育成的苦荞品种。2010年通过国家小宗粮豆品种鉴定委员会鉴定，鉴定证书编号：国品鉴杂2010014号。

【形态特征及农艺性状】品种审定资料表明，迪苦1号一年生，全生育期87～96d，属中晚熟品种。株型紧凑，株高98.7～106.8cm；幼茎绿色，叶片中等，叶色深绿，主茎黄绿色，主茎分枝数5.7～6.5个，主茎节数15.6～15.8节；花浅绿色，花柱同短，自花授粉；籽粒灰褐色、长三棱形、有腹沟，单株粒重3.8～4.7g，千粒重18.5～20.0g（提布等，2011）。2012年山西省右玉县农业委员会在右玉县高家堡乡进行苦荞引种试验，结果表明，迪苦1号霜前不成熟，株高116.7cm，主茎分枝11.2个，主茎节数27.0节，单株粒重6.9g，千粒重19.1g（程树萍，2012）。贵州师范大学荞麦产业技术研究中心2013年测定，迪苦1号千粒重为25.8g，千粒米重为18.8g，果壳率为27.13%。

【抗性特征】抗倒伏，耐贫瘠，抗病性、抗干旱能力较强。

【籽粒品质】2012年经农业部食品质量监督检验测试中心（陕西杨凌）测定，迪苦1号籽粒的粗蛋白含量为12.94%，粗淀粉含量为69.31%，粗脂肪含量为2.92%，总黄酮含量为2.55%（提布等，2011）。徐笑宇等（2015）测定，迪苦1号籽粒黄酮含量为18.70mg/g。

【适应范围与单位面积产量】适合在云南迪庆、丽江、昭通，四川盐源，贵州贵阳等海拔1 500～3 000m区域种植，在海拔1 800～2 400m区域种植表现最佳。春、夏、秋播均可，高海拔地区春播以4月下旬至5月上旬为宜，低海拔地区夏播以6～7月为宜，秋播以8月中下旬为宜。该品种一般平均产量为1 818.0～2 320.5kg/hm²，最高单位面积产量可达6 252.0kg/hm²。2006—2008年参加第8轮国家苦荞品种（南方组）区域试验，3年区试平均单产为1 760.4kg/hm²，比对照品种九江苦荞增产6.40%，居参试品种第7。2008年，在云南迪庆、四川盐源、贵州贵阳进行生产试验，平均产量为1 603.5kg/hm²，其中，迪庆片区平均单产为1 500.0kg/hm²以上（提布等，2011）。2012年山西省右玉县农业委员会在右玉县高家堡乡进行苦荞引种试验，迪苦1号平均单产为1 750.5kg/hm²，比对照品种黑丰1号增产40.00%，差异显著，居参试品种第3（程树萍，2012）。

【用途】粮用（荞米、荞粉、荞面等）、保健产品（荞麦茶、荞麦枕头）等。

昭 苦 1 号

【品种名称】昭苦1号。

【SSR指纹】1110000011 1001100111 1101110000 1110001000 0001011010 0001010100 010（8102889293947290274）。

【品种来源、育种方法】云南省昭通市农业科学研究院宋维际、耿昭全等于1992年以昭通当地大面积种植的农家品种大白圆籽荞为原始材料，通过单株集团混合选择，从混合群体中筛选出优良变异单株，经加代选育而成的苦荞品种。2008年通过国家小宗粮豆品种鉴定委员会鉴定，鉴定证书编号：国品鉴杂2008003号。

【形态特征及农艺性状】品种审定资料表明，昭苦1号为一年生，全生育期90d左右，属中晚熟品种。幼茎绿色，株型紧凑，株高108cm，主茎分枝数5.9个，主茎节数15.7节；花浅绿色，花柱同短，自花授粉；籽粒灰白色、有腹沟，单株粒重4.1g，千粒重21.9g（宋维际等，2014）。王健胜（2005）农艺性状统计表明，昭苦1号全生育期92d，属晚熟品种。株高110.7cm，主茎分枝数4.7个，主茎节数15.8节，单株粒重5.3g，千粒重20.4g。经贵州师范大学荞麦产业技术研究中心2013年测定，昭苦1号千粒重为21.3g，千粒米重为16.5g，果壳率为22.54%。云南省昆明市农业科学研究院品种比较试验表明，昭苦1号全生育期99d，属晚熟品种。株高135cm，主茎分枝数4个，主茎节数18节（李昌远等，2013）。

【抗性特征】抗倒伏、抗旱、耐瘠薄，适应性强。

【籽粒品质】经山西省农业科学院中心实验室测定，昭苦1号籽粒的粗蛋白含量为14.01%，粗脂肪含量为3.15%，淀粉含量为66.11%，总黄酮含量为2.38%。浙江大学农业与生物技术学院测定，昭苦1号籽粒的芦丁含量为1.10%，清蛋白含量为5.41%，球蛋白含量为1.31%，醇溶蛋白含量为0.42%，谷蛋白含量为2.27%，总蛋白含量为15.69%（文平，2006）。据贵州六盘水师范高等专科学校测定，昭苦1号籽粒总黄酮含量为20.48mg/g，三叶期总黄酮含量为43.99mg/g，四叶期根总黄酮含量为6.18mg/g、茎总黄酮含量为11.44mg/g、叶总黄酮含量为38.44mg/g，五叶期根总黄酮含量为12.67mg/g、茎总黄酮含量为28.70mg/g、叶总黄酮含量为47.81mg/g，初花期根总黄酮含量为24.30mg/g、茎总黄酮含量为21.14mg/g、叶总黄酮含量为101.71mg/g，盛花期根总黄酮含量为28.46mg/g、茎总黄酮含量为14.36mg/g、花叶总黄酮含量为68.64mg/g（王玉珠等，2007）。据成都大学生物产业学院测定，昭苦1号籽粒的黄酮含量为2.15%。据朱媛媛（2013）测定，昭苦1号籽粒含水量为（13.43±0.01）%，含油量为（5.58±0.02）%，蛋白质含量为（10.93±0.18）%，灰分含量为（2.75±0.01）%；荞壳总酚含量为4 120.30μg/g，芦丁含量为（3 425.51±0.28）μg/g，槲皮素含量为（282.58±0.20）μg/g；荞粉总酚含量为2 124.20μg/g，芦丁含量为（1 855.41±4.58）μg/g，槲皮素含量为（46.39±2.41）μg/g。徐笑宇等（2015）测定，昭苦1号籽粒黄酮含量为17.69mg/g。

【适应范围与单位面积产量】适合在云南丽江、昭通、中甸，贵州威宁，四川康定等苦荞产区种植。1996—1998年在昭通市农业科学院海拔3 000m的大山包乡基地进行品系试验，3年平均产量为4 650.5kg/hm²，居参试材料第1。1999—2002年在昭通市昭阳区大山包乡、靖安乡，鲁甸县水磨乡、新街乡，永善县茂林镇、伍寨乡的苦荞主产区进行品系比较试验，4年平均产量为2 653.6kg/hm²，比对照品种大白圆子荞增产18.60%，产量居参试品种第1（宋维际等，2014）。2003—2005年参加第7轮国家苦荞品种区域试验，其中，2003年平均产量为2 061.0kg/hm²，居参试品种第2，比对照品种九江苦荞增产5.05%；2004年平均产量为1 877.0kg/hm²，居参试品种第4，比对照品种九江苦荞增产14.17%；2005年平均产量为2 432.4kg/hm²，居参试品种第2，比对照品种九江苦荞增产1.90%；3年平均产量为2 123.5kg/hm²，比对照九江苦荞增产7.03%。2005年，在贵州威宁、四川昭觉和云南香格里拉的国家苦荞生产试验中，昭苦1号在3个试点的平均产量为1 683.0kg/hm²，比对照九江苦荞增产31.40%。其中，在贵州威宁，昭苦1号产量为1 923.0kg/hm²，比对照九江苦荞增产14.60%；在云南香格里拉，昭苦1号产量为1 275.0kg/hm²，比对照九江苦荞增产77.10%。2007年，在贵州威宁和云南丽江的国家苦荞生产试验中，昭苦1号在2个试点的平均产量为2 028.0kg/hm²。其中，在贵州威宁，昭苦1号产量为2 281.5kg/hm²，比对照九江苦荞增产20.10%，比当地苦荞品种增产28.20%；在云南丽江，昭苦1号产量为1 774.5kg/hm²，比当地苦荞品种增产19.30%（宋维际等，2014）。2013年秋，在昭通市海拔2 450m的昭阳区和海拔2 190m的鲁甸县进行示范试验，平均产量为2 220.1kg/hm²，比当地对照品种大白圆籽荞增产801.6kg/hm²，增幅36.10%。

【用途】粮用（荞粉、荞米）、保健食品。

昭苦1号

A.盛花期植株　B.成熟期植株　C.盛花期主花序　D.成熟期主果枝　E.种子

昭 苦 2 号

【品种名称】昭苦2号。

【SSR指纹】1110000011 1001100101 1100010111 0110001000 0001011010 0111010100 010（8102870932962102946）。

【品种来源、育种方法】云南省昭通市农业科学技术推广研究所宋维际、耿昭全以昭通地方品种红秆青皮荞为材料，经系统选育而成的苦荞品种。2006年宁夏种子管理站引入宁夏回族自治区，2009年通过宁夏回族自治区农作物品种审定委员会审定，品种审定证书编号：宁审荞2009003号；2010年通过国家小宗粮豆品种鉴定委员会鉴定，鉴定证书编号：国品鉴杂2010015号。

【形态特征及农艺性状】品种审定资料表明，昭苦2号一年生，全生育期存在地区差异，云南生育期为80～89d，属中熟品种；宁夏生育期为86～107d，属中晚熟品种。幼苗生长旺盛，幼茎红色，叶色浅绿，叶心形，成株绿色，株型紧凑，株高80.6～122.3cm，主茎分枝数4.2～5.6个，主茎节数13～15节；花浅绿色、花柱同短、自花授粉；籽粒锥形，灰白色，有腹沟，单株粒重3.2～4.3g，千粒重20.3～21.0g；田间生长势强，生长整齐，结实集中。2006—2008年参加第8轮国家苦荞品种（北方组）区域试验表明，昭苦2号全生育期88d，属中熟品种。株高102.6cm，主茎分枝数6.3个，主茎节数14.5节，单株粒重4.3g，千粒重17.4g（王莉花等，2012）；南方组区域试验表明，昭苦2号全生育期84d，属中熟品种。株高95.4cm，主茎分枝数5.5个，主茎节数14.3节，单株粒重4.5g，千粒重20.6g（王莉花等，2012）。2006—2008年山西省农业科学院五寨试验站晋西北荞麦引种试验表明，昭苦2号平均全生育期111d，属晚熟品种。株高90cm，株型紧凑，花绿色；籽粒黑色，锥形；主茎分枝数2.6个，主茎节数11～12节，单株粒重2.4g，千粒重14.1g（韩美善等，2010）。2011年内蒙古农业大学引种试验表明，昭苦2号全生育期86d，属中熟品种。株高169.0cm，主茎节数22节，主茎分枝数6.1个，茎粗0.9cm，花序数103.1个，千粒重11.3g（尚宏，2011）。经贵州师范大学荞麦产业技术研究中心柏杨试验基地2013年测定，昭苦2号平均株高112cm，主茎分枝数10个，千粒重为21.5g，千粒米重为16.6g，果壳率为22.79%。云南省昆明市农业科学研究院品种比较试验表明，昭苦2号全生育期94d，属晚熟品种。株高115cm，主茎分枝数5个，主茎节数17节（李昌远等，2013）。

【抗性特征】抗旱、抗倒伏，落粒性中等。

【籽粒品质】经农业部食品质量监督检验测试中心（陕西杨凌）检测，昭苦2号籽粒水分含量为10.97%，粗蛋白含量为13.50%，粗脂肪含量为2.62%，粗淀粉含量为61.07%，总黄酮含量为2.61%。据朱媛媛（2013）测定，昭苦2号籽粒含水量为（13.59±0.02）%，含油量为（5.68±0.01）%，蛋白质含量为（11.04±0.34）%，灰分含量为（2.86±0.02）%；荞壳总酚含量为5 746.53μg/g，芦丁含量为（4 727.74±4.87）μg/g，槲皮素含量为（347.14±7.04）μg/g；麸皮总酚含量为61 143.00μg/g，芦丁含量为（54 535.25±77.88）μg/g，槲皮素含量为（2 002.51±18.10）μg/g；荞粉总酚含量为1 865.27μg/g，芦丁含量为（1 601.73±2.57）μg/g，槲皮素含量为（36.29±1.01）μg/g。徐笑宇等（2015）测定，昭苦2号籽粒黄酮含量为19.24mg/g。

【适应范围与单位面积产量】适合在云南昭通，贵州威宁，四川昭觉、盐源，山西五寨，内蒙古达拉特、赤峰，宁夏西吉，甘肃会宁、定西、平凉等苦荞产区种植。2006—2008年参加第8轮国家苦荞品种（北方组）区域试验表明，昭苦2号3年平均产量为1 915.3kg/hm²，比对照品种九江苦荞增产8.20%，居参试品种第5，在内蒙古赤峰、山西五寨、宁夏西吉、甘肃定西等试点表现较好。2006—2008年参加宁南山区荞麦区域试验，3年平均单产为2 489.5kg/hm²，较对照品种九江苦荞增产7.59%。2006—2008年山西省农业

昭苦2号

A.盛花期植株　B.成熟期植株　C.盛花期主花序　D.成熟期主果枝　E.种子

科学院五寨试验站晋西北荞麦引种试验表明，昭苦2号3年平均产量为1 991.0kg/hm²，比参试苦荞品种平均产量增产35.31%，居参试品种第2（韩美善等，2010）。2008年参加生产示范，在甘肃平凉平均产量为1 563.0kg/hm²，比对照品种增产27.10%；在四川昭觉平均产量为1 337.5kg/hm²，比对照品种增产4.70%，比当地苦荞品种增产2.30%，两地平均产量比统一对照品种九江苦荞增产15.10%。2011年内蒙古农业大学引种试验表明，昭苦2号平均产量为1 953.8kg/hm²，居参试品种第9（尚宏，2011）。2012年山西省右玉县农业委员会在右玉县高家堡乡进行苦荞引种试验，昭苦2号折合平均产量为829.5kg/hm²，比对照品种黑丰1号减产33.60%，居参试苦荞品种第14（程树萍，2012）。

【用途】食药兼用，加工荞粉、保健食品等。

云荞1号

【品种名称】云荞1号。

【SSR指纹】0000000011 1001100101 1100010001 0110001000 0001011001 0111010100 010（32420349174558370）。

【品种来源、育种方法】云南省农业科学院生物技术与种质资源研究所王莉花等于2003年以云南曲靖地方苦荞为材料，经^{60}Co-γ射线辐射，系统选育而成的苦荞品种。2010年通过国家小宗粮豆品种鉴定委员会鉴定，命名为云荞1号，审定证书编号：国品鉴杂2010012号。

【形态特征及农艺性状】参加第8轮国家苦荞品种（北方组）区域试验表明，云荞1号为一年生，全生育期88d，属中熟品种。株高102.5cm，主茎分枝数6.1个，主茎节数13.7节；花浅绿色，花柱同短，自花授粉；籽粒短三棱形、黑色、有腹沟，单株粒重3.9g，千粒重17.4g。南方组区域试验表明，云荞1号全生育期83d，属中熟品种。株高101.7cm，主茎分枝数5.8个，主茎节数14.8节；单株粒重4.5g，千粒重20.5g（王莉花等，2012）。经贵州师范大学荞麦产业技术研究中心2013年测定，云荞1号千粒重为21.7g，千粒米重为16.6g，果壳率为23.50%。青海省引种试验表明，云荞1号全生育期93d，属中晚熟品种；主茎分枝数4.5个，主茎节数16.3节，株高145.3cm；单株粒重4.2g，单株粒数183.3粒，千粒重23.0g。夏播试验表明，云荞1号平均全生育期77d，属中早熟品种。株高105cm，主茎节数18.1节，一级分枝数6.6个，单株粒数474粒，单株粒重8.6g，千粒重19.0g（李春花等，2015b）。

【抗性特征】抗旱，耐瘠性强，抗倒伏。

【籽粒品质】2008年经农业部植物新品种测试（杨凌）分中心鉴定，云荞1号籽粒粗蛋白含量为13.38%，粗脂肪含量为3.00%，淀粉含量为64.68%，总黄酮含量为2.53%（王莉花等，2012）。徐笑宇等（2015）测定，云荞1号籽粒黄酮含量为18.78mg/g。

【适应范围与单位面积产量】适合在内蒙古赤峰，山西五寨、太原，甘肃定西、会宁，四川昭觉、西昌，云南昭通，贵州贵阳等苦荞产区种植。2006—2008年参加第8轮国家苦荞品种区域试验，北方组云荞1号平均产量为1916.6kg/hm²，比对照品种九江苦荞增产8.30%，居参试品种第4。其中，在山西五寨和甘肃定西试点，云荞1号的产量分别达到2122.0kg/hm²、2850.0kg/hm²，均居所在试点参试品种第1；在内蒙古赤峰试点，云荞1号产量为2001.0kg/hm²，居参试品种第2。在南方组云荞1号平均产量为2209.7kg/hm²，比对照品种九江苦荞增产6.00%，居参试品种第4。其中，四川西昌试点，云荞1号产量达2850.0kg/hm²，居参试品种第1。2008年，在参加宁夏西吉和甘肃定西的国家生产试验中，云荞1号在两个试点的平均产量为4092.8kg/hm²，比对照九江苦荞增产15.8%，比当地苦荞品种增产9.3%。其中，在宁夏西吉，云荞1号的产量为3537.0kg/hm²，比对照九江苦荞增产10.50%，比当地苦荞品种增产14.80%；在甘肃定西，云荞1号产量为4648.5kg/hm²，比对照九江苦荞增产20.20%，比当地苦荞品种增产5.60%（全国农业技术推广服务中心，2009；王

云荞1号

A.盛花期植株　B.成熟期植株　C.盛花期主花序　D.成熟期主果枝　E.种子

莉花等，2012）。2012—2014年参加全国荞麦品种展示试验，3年平均产量为2 328.4kg/hm²，比参试苦荞平均增产14.58%。密度试验表明，在145万株/hm²情况下，云荞1号能达到最高产量2 424.2kg/hm²（李春花等，2015a）。该品种较适宜种植的省份为青海（4 223.9kg/hm²）、宁夏（3 000.0kg/hm²）、吉林（2 970.1kg/hm²）、西藏（2 910.4kg/hm²）、新疆（2 417.9kg/hm²）、云南（2 313.4kg/hm²）、四川（2 164.2kg/hm²）、山西（2 104.5kg/hm²）、甘肃（2 074.6kg/hm²）、河北（1 940.3kg/hm²）、贵州（1 791.0kg/hm²）、内蒙古（1 791.0kg/hm²）。

【用途】粮用（荞米、荞粉、荞面等）、保健食品（荞麦茶）等。

云荞2号

【品种名称】云荞2号。

【SSR指纹】1110000011 1001100101 1100110001 0110001010 0000111010 0001010100 000（8102871156316914336）。

【品种来源、育种方法】云南省农业科学院生物技术与种质资源研究所王莉花等于2003年以云南昆明寻甸地方苦荞麦品种资源为材料，筛选出综合性状表现较为优异的品种，再经系统选育而成。2012年通过国家小宗粮豆品种鉴定委员会鉴定，命名为云荞2号，审定证书编号：国品鉴杂2012015号。

【形态特征及农艺性状】品种审定资料表明，云荞2号为一年生，全生育期81～92d，属中晚熟品种。株型紧凑、直立，株高107.5～120.7cm，叶片和主茎呈绿色，主茎分枝数4.8～7.2个，主茎节数13.7～16.0节；花浅绿色，花柱同短，自花授粉；籽粒灰色、长三棱形、有腹沟，籽粒较大，单株粒重3.4～7.4g，千粒重18.4～21.1g，结实率高（王艳青等，2013）。经贵州师范大学荞麦产业技术研究中心2013年测定，云荞2号千粒重为23.2g，千粒米重为17.7g，果壳率为23.71%。青海省引种试验表明，云荞2号全生育期111d，属晚熟品种；主茎分枝数3.3个，主茎节数13.6～18.2节，株高142.9～162.9cm；单株粒重4.9～6.3g，单株粒数270.2～324.6粒，千粒重18.3～19.3g（闫忠心，2014）。

【抗性特征】耐寒、耐旱，抗病虫。

【籽粒品质】2012年经农业部植物新品种测试（杨凌）分中心鉴定，云荞2号籽粒蛋白质含量为16.10%～16.60%，黄酮含量为1.70%～1.90%，淀粉含量为63.90%～70.70%，脂肪含量为2.80%～3.50%（王艳青等，2013）。

【适应范围与单位面积产量】适合在云南迪庆、昆明，四川西昌，贵州威宁，甘肃定西、庆阳，宁夏固原等地及与这些地区相近的生态区种植。云荞2号在2009—2011年第9轮国家苦荞品种北方组区域试验中，3年平均产量为2 148.7kg/hm²，比对照品种九江苦荞增产7.30%，居9个参试品种的第2；在北方组的11个区域试点中，云荞2号3年平均产量比对照增产的点有7个，占区试点数的63.6%，各增产点平均增产15.80%。在本轮区域试验南方组中，该品种3年的平均产量为2 783.6kg/hm²，比对照九江苦荞增产2.10%；在南方组的10个区域试点中，云荞2号3年平均产量比对照增产的点有7个，占区试点数的70.0%，各增产点平均增产8.20%。2011年，在甘肃定西，云荞2号平均产量为1 770.0kg/hm²，比对照品种九江苦荞增产25.50%，比当地对照品种增产28.30%；在宁夏固原，云荞2号平均产量为2 709.0kg/hm²，比对照品种九江苦荞增产17.10%，比当地对照品种增产11.90%；在甘肃平凉，云荞2号平均产量为1 516.5kg/hm²，比对照品种九江苦荞增产20.90%，比当地对照品种增产12.70%；在陕西榆林，云荞2号平均产量为3 879.0kg/hm²，比对照品种九江苦荞增产32.50%，比当地对照品种增产1.30%；上述生产试点的平均产量为2 468.6kg/hm²，比对照品种九江苦荞麦平均增产24.90%，比当地苦荞麦品种平均增产10.00%（王艳青等，2013）。2013—2014年参加全国荞麦品种展示试验，2年平均产量为2 373.1kg/hm²，比

云荞2号

A.盛花期植株　B.成熟期植株　C.盛花期主花序　D.成熟期主果枝　E.种子

参试苦荞平均产量增产16.78%。该品种较适宜种植的省份为青海（4 820.9kg/hm²）、云南（2 865.7kg/hm²）、西藏（2 791.0kg/hm²）、宁夏（2 671.6kg/hm²）、吉林（2 626.9kg/hm²）、河北（2 492.5kg/hm²）、新疆（2 462.7kg/hm²）、四川（2 373.1kg/hm²）、贵州（2 283.6kg/hm²）、山西（2 253.7kg/hm²）、内蒙古（2 000.0kg/hm²）、甘肃（1 910.4kg/hm²）。

【用途】粮用（荞米、荞粉、荞面等）、保健食品（荞麦茶、荞麦枕头）等。

凤凰苦荞

【品种名称】凤凰苦荞。

【SSR 指纹】1110001111 0100010100 0011110001 0001100100 0001011010 0001010101 110（8207988313757008558）。

【品种来源、育种方法】湖南省经济作物发展中心钟兴莲、湖南省凤凰县农业局姚自强于1986—1990年以凤凰县水田乡冬子山村一苗家本地苦荞混合群体为材料，经多年选择育成的苦荞新品种。2001年通过国家小宗粮豆品种鉴定委员会鉴定，审定证书编号：国审杂2001004号。

【形态特征及农艺性状】品种审定资料表明，凤凰苦荞为一年生，全生育期85 ~ 90d，属中熟品种。茎叶绿色，株型半紧凑，株高106cm，主茎节数19节，一级分枝数2 ~ 6个；花浅绿色，花柱同短，自花授粉；籽粒褐色、锥形、有腹沟，单株粒重5.0 ~ 9.0g，千粒重22.0 ~ 24.0g。凤凰苦荞作为当地对照品种参加凤凰县荞麦引种试验，结果表明，凤凰苦荞田间生长整齐，成熟期一致，千粒重为23.2g，单株粒数为301.7粒，单株粒重为7.0g（杨永宏，1994）。1993—1994年吉林农业大学试验站引种测试表明，凤凰苦荞全生育期88d，属中熟品种。株高126.6cm，一级分枝数7.7个，主茎节数21.3节，主茎绿色，花白色，株型紧凑；籽粒三棱形，棕色，无棱翅，单株粒重8.8g，千粒重19.6g，秕粒率5.22%。赵钢等（2002a）栽培试验表明，凤凰苦荞全生育期75d，属早熟品种。株高131.1cm，主茎节数19.6节，一级分枝数6.4个，单株粒重2.5g，千粒重21.50g，结实率21.70%。2009年宁夏回族自治区彭阳县种子管理站在原州区头营科研基地川旱地引种试验表明，凤凰苦荞全生育期92d，属晚熟品种；株高72.5cm，株型紧凑，主茎分枝数8.2个，主茎节数16.8节，单株粒重3.0g，千粒重16.0g（王学山、杨存祥，2009；王收良等，2010）。经贵州师范大学荞麦产业技术研究中心2013年测定，凤凰苦荞千粒重为21.9g，千粒米重为15.9g，果壳率为27.40%。贵州师范大学荞麦产业技术研究中心抗倒伏试验表明，凤凰苦荞株高61.62cm，重心高度26.78cm，主茎节数14节。其中，子叶节间长度2.20cm、直径3.54mm，机械强度92.93N；第1节间长度1.68cm、直径4.01mm，机械强度73.74N；第2节间长度2.25cm、直径4.46mm，机械强度50.32N；第3节间长度3.19cm、直径4.48mm，机械强度54.02N（韦爽等，2015）。

【抗性特征】抗旱，耐涝，抗倒伏，耐贫瘠，抗病（未发现立枯病、褐叶斑病），落粒轻（杨永宏，1994；钟兴莲、姚自强，2002）。2009年宁夏回族自治区彭阳县种子管理站在原州区头营科研基地川旱地引种试验表明，凤凰苦荞抗旱性强，抗倒伏性强，无病害发生（王学山、杨存祥，2009；王收良等，2010）。

【籽粒品质】经农业部稻米及制品质量监督测试中心测定，凤凰苦荞籽粒粗蛋白含量为12.40%，粗脂肪含量为2.30%，淀粉含量为65.10%，赖氨酸含量为0.61%（姚自强，2007）。经贵州师范大学荞麦产业技术研究中心测定，凤凰苦荞籽粒硒含量为0.11mg/kg。经中国农业科学院作物科学研究所测定，凤凰苦荞籽粒的芦丁含量为1.58%。2010年经山西省农业科学院小杂粮研究中心测定，凤凰苦荞每100g干种子的硒含量为12.11μg（李秀莲等，2011a）。

【适应范围与单位面积产量】适合在N25°35′～41°06′，E102°27′～117°36′，海拔

凤凰苦荞
A.盛花期植株　B.成熟期植株　C.盛花期主花序　D.成熟期主果枝　E.种子

57～2 320m荞麦产区种植（钟兴莲、姚自强，2002）。凤凰苦荞1990—1991年参加全国生态区域试验，在13个省、自治区中，均表现出优良的经济性状和产量优势。1993—1994年吉林农业大学试验站引种试验表明，凤凰苦荞折合平均产量为1 458.3，居参试品种第2。在内蒙古高海拔高纬度条件下，凤凰苦荞大部分成熟。凤凰苦荞作为当地对照品种参加凤凰县荞麦引种试验表明，凤凰苦荞平均产量为1 343.3kg/hm²，居参试苦荞品种第1（杨永宏，1994）。1997—1999年参加全国第5轮荞麦良种区域试验，平均产量为1 580.0kg/hm²，比对照品种九江苦荞增产9.07%，比当地对照增产18.30%。2009年宁夏回族自治区彭阳县种子管理站在原州区头营科研基地川旱地引种试验表明，凤凰苦荞折合平均产量1 550.0kg/hm²，比对照品种固原苦荞增产78.16%，居参试品种第2。

【用途】粮用（荞米、荞粉、荞面等）、保健食品、饮料、蔬菜等。

九 江 苦 荞

【品种名称】九江苦荞。

【SSR指纹】1110000000 0000010001 1101110111 1110001000 0001011111 0001000000 010（8070607692685369858）。

【品种来源、育种方法】江西省吉安地区农业科学研究所吴页宝等于1981年以九江苦荞混杂复合群体为材料，筛选优良单株，后经连续定向选育而成的优良苦荞品种。2000年通过国家小宗粮豆品种鉴定委员会鉴定，命名为九江苦荞，审定证书编号：国审杂20000002号。

【形态特征及农艺性状】品种鉴定资料表明，九江苦荞为一年生，全生育期80d左右，属中熟品种。幼茎绿色，叶较小，呈淡绿色，茎叶部有明显的花青素斑点；株型紧凑，株高108.5cm，一级分枝数5.2个，主茎节数16.6节；花浅绿色，花柱同短，自花授粉；籽粒黑褐色，有腹沟，果皮粗糙，棱呈波状；单株粒重4.3g，千粒重20.2g（吴页宝等，1999）。赵钢等（2002a）栽培试验表明，九江苦荞全生育期78d，属早熟品种。株高113.4cm，主茎节数16.1节，一级分枝数4.4个，单株粒重3.2g，千粒重21.0g，结实率23.10%。2003—2004年山西省农业科学院高寒区作物研究所引种试验表明，九江苦荞全生育期100d，属晚熟品种。株高132.7cm，主茎节数13.6节，一级分枝3.2个，花簇数18.3个，单株粒数152.1粒，单株粒重2.6g，千粒重17.8g（杨明君等，2006）。2005年辽宁省农业科学院作物研究所与沈阳农业大学在辽宁省农业科学院作物研究所杂粮室旱田试验地的引种试验表明，九江苦荞全生育期82d，属中熟品种。株高102.5cm，主茎分枝数4.5个，单株粒重11.5g，千粒重20.0g；籽粒深褐色，钝三棱形（崔天鸣等，2008）。王健胜（2005）农艺性状统计表明，九江苦荞全生育期92d，属晚熟品种。株高113.3cm，主茎分枝数4.9个，主茎节数14.9节，单株粒重5.1g，千粒重20.6g。2006—2008年参加第8轮国家苦荞品种（北方组）区域试验表明，九江苦荞全生育期89d，属中熟品种。株高107.3cm，主茎分枝数5.4个，主茎节数13.9

节，单株粒重3.4g，千粒重17.9g。2006—2008年山西省农业科学院五寨试验站晋西北荞麦引种试验表明，九江苦荞全生育期112d，属晚熟品种。株高75cm，株型紧凑，主茎分枝数2.5个，主茎节数7～8节，花绿色，籽粒褐色，长锥形。单株粒重2.0g，千粒重15.3g（韩美善等，2010）。2009年宁夏回族自治区彭阳县种子管理站在原州区头营科研基地川旱地引种试验表明，九江苦荞全生育期88d，属中熟品种。株高75.2cm，株型松散，主茎分枝数6.5个，主茎节数17.2节，单株粒重2.3g，千粒重20.0g（王学山、杨存祥，2009；王收良等，2010）。2011年内蒙古农业大学引种试验表明，九江苦荞全生育期85d，属中熟品种；株高165.3cm，主茎节数19.3节，主茎分枝数6.3个，花序数71个，千粒重13.3g（尚宏，2011）。2012—2014年作为对照品种参加第10轮国家苦荞品种（北方组）区域试验，全生育期85d，属中熟品种。株高119.9cm，主茎分枝数5.7个，主茎节数14.9节，单株粒重4.1g，千粒重

九江苦荞

A.盛花期植株　B.成熟期植株　C.盛花期主花序　D.成熟期主果枝　E.种子

17.1g。作为对照品种参加第10轮国家苦荞品种（南方组）区域试验，全生育期82d，属中熟品种。株高116.9cm，主茎分枝数4.4个，主茎节数13.7节，单株粒重4.9g，千粒重20.7g。2013年山西省昔阳县种子管理站、晋中市种子管理站在山西省晋中市昔阳县大寨镇进行苦荞引种试验，结果表明，九江苦荞全生育期91d，属晚熟品种。株高154.5cm，主茎分枝5.5个，主茎节数26.1节，单株粒重10.2g，千粒重18.8g（王永红、白瑞繁，2014）。经贵州师范大学荞麦产业技术研究中心2013年测定，九江苦荞千粒重为22.1g，千粒米重为16.5g，果壳率为25.34%。

【抗性特征】 抗倒伏，抗旱，耐瘠薄，落粒轻，适应性强。2009年宁夏回族自治区彭阳县种子管理站在原州区头营科研基地川旱地引种试验表明，九江苦荞抗旱性强，抗倒伏性强，无病害发生（王学山、杨存祥，2009）。

【籽粒品质】 赵钢等（2002a）测定，九江苦荞籽粒粗蛋白含量为11.70%，粗脂肪含量为2.77%，淀粉含量为63.10%，粗纤维含量为1.41%，维生素B_1含量为0.16mg/g，维生素B_2含量为0.52mg/g，维生素P含量为1.07%，赖氨酸含量为5.10mg/g。品种鉴定表明，九江苦荞籽粒的粗蛋白含量为10.50%，淀粉含量为69.83%，赖氨酸含量为0.70%（吴页宝等，1999）。经浙江大学农业与生物技术学院测定，九江苦荞籽粒的芦丁含量为1.29%，清蛋白含量为7.31%，球蛋白含量为1.33%，醇溶蛋白含量为0.42%，谷蛋白含量为2.15%，总蛋白含量为16.61%（文平，2006）。贵州六盘水师范高等专科学校、贵州省六盘水职业技术学院测定了九江苦荞全生育期各重要组织的总黄酮含量，其中，籽粒总黄酮含量为25.68mg/g，三叶期叶总黄酮含量为35.77mg/g，四叶期根总黄酮含量为11.58mg/g，茎总黄酮含量为14.90mg/g、叶总黄酮含量为36.53mg/g，五叶期根总黄酮含量为18.78mg/g、茎总黄酮含量为33.28mg/g、叶总黄酮含量为58.90mg/g，初花期根总黄酮含量为23.59mg/g、茎总黄酮含量为22.39mg/g、叶总黄酮含量为97.31mg/g，盛花期根总黄酮含量为37.64mg/g、茎总黄酮含量为16.85mg/g、花叶总黄酮含量为125.10mg/g（王玉珠等，2007；张清明等，2008b）。2010年经山西省农业科学院小杂粮研究中心测定，九江苦荞干种子的硒含量为0.335μg/g（李秀莲等，2011a）。2010年贵州师范大学荞麦产业技术研究中心测定，九江苦荞在贵州省6个试验点的蛋白质含量变异范围为11.28%～15.71%，平均值为13.29%。

【适应范围与单位面积产量】 适合在西南、西北、华北等地的荞麦产区种植。1983年参加初级产量试验，平均产量为1 996.5kg/hm²，比当地对照品种彭泽苦荞平均增产26.45%。1984—1986年参加第1轮国家荞麦良种区域试验，九江苦荞3年平均产量为1 323.9kg/hm²，居苦荞组第1，比当地对照品种平均增产14.27%。1987—1989年参加第2轮国家荞麦良种区域试验，九江苦荞作为统一对照品种，各试点仍以九江苦荞产量最高，3年平均产量达2 175.0kg/hm²。由于九江苦荞在各年全国荞麦良种区试中均表现为高产、稳产、适应性广、抗逆性强，以至于第4轮、第5轮全国荞麦良种区试中，该品种一直被用作苦荞组中的统一对照品种（吴页宝等，1999）。2003—2004年山西省农业科学院高寒区作物研究所引种试验表明，九江苦荞2年平均产量为3 076.1kg/hm²，比对照品种广灵苦荞1号增产68.40%，居参试品种第4。2005年辽宁省农业科学院作物研究所与沈阳农业大学在辽宁省农业科学院作物研究所杂粮室旱田试验地的引种试验表明，九江苦荞折合平均产量为1 271.6kg/hm²，居参试品种第3（崔天鸣等，2008）。作为对照品种参加2006—2008年第8轮国家苦荞品种（北方组）区域试验，3年平均产量为 1 770.0kg/hm²，居参试品种第10。2006—2008年山西省农业科学院五寨试验站晋西北荞麦引种试验表明，九江苦荞 3 年平均产量为 1 644.0kg/hm²，比参试苦荞品种平均产量增产11.75%，居参试品种第 5（韩美善等，2010）。2009年宁夏回族自治区彭阳县种子管理站在原州区头营科研基地川旱地引种试验表明，九江苦荞折合平均产量为 1 390.0kg/hm²，比对照品种固原苦荞增产59.77%，居参试品种第 4（王收良等，2010）。2011年内蒙古农业大学引种试验表明，九江苦荞平均产量为 2 441.1kg/hm²，居参试品种第 5（尚宏，2011）。2012—2014年作为对照品种参加第 10 轮国家苦荞品种（北方组）区域试验，3 年平均产量为 2 299.8kg/hm²，居参试品种第 7，在宁夏盐池、甘肃平凉产量表现较好；作为对照品种参加南方组区域试验，3 年平均产量为 2 192.3kg/hm²，居参试品种第 4。2013年山西省昔阳县种子管理站、晋中市种子管理站在山西省晋中市昔阳县大寨镇进行苦荞引种试验，九江苦荞平均单产为 1 730.0kg/hm²，比对照品种和顺苦荞增产33.10%，居参试品种第 1（王永红、白瑞繁，2014）。

【用途】粮用（荞米、荞粉、荞面等）、保健食品、蔬菜等。

第二节　审（认）定苦荞品种（北方组）

宁荞 2 号

【品种名称】宁荞 2 号。

【SSR指纹】 1110000011 1001100101 1100010000 0110011000 0000011010 0001000100 000（8102870872966251040）。

【品种来源、育种方法】宁夏回族自治区固原市农业科学研究所常克勤等以四川西昌农业高等专科学校额洛乌且辐射诱变材料额选为选材，筛选优良变异单株，经系统选育而成。2005年通过宁夏回族自治区农作物品种审定委员会审定命名，品种审定证书编号：宁审荞2005001 号。

【形态特征及农艺性状】品种审定资料表明，宁荞 2 号为一年生，全生育期90d左右，属中晚熟品种。全株绿色，株高102cm，主茎分枝数5.4个，主茎节数17节，株型紧凑，叶椭圆形；花浅绿色，花柱同短，自花授粉；籽粒短锥形、黑色、有腹沟，结实率31.30%，千粒重18.1g（常克勤等，2007；段志龙、王常军，2012）。经贵州师范大学荞麦产业技术研究中心2013年测定，宁荞 2 号千粒重为22.4g，千粒米重为17.2g，果壳率为23.21%。

【抗性特征】抗旱性强，抗倒伏，抗落粒，耐贫瘠，耐褐斑病。

【籽粒品质】经宁夏农林科学院分析测试中心分析测定，宁荞 2 号籽粒的粗蛋白含量为

15.92%，粗脂肪含量为2.62%，粗淀粉含量为65.59%，赖氨酸含量为0.23%，水分含量为7.40%（常克勤等，2007）。

　　【适应范围与单位面积产量】适合在甘肃省中东部地区的定西、白银、天水、陇南等年降水量为350～600mm、海拔1 248～2 852m区域的半干旱区，宁夏回族自治区南部山区海拔1 248～2 852m区域及同类生态区种植（常克勤等，2007）。1998—1999年参加品种鉴定试验，折合产量1 800.0kg/hm²，比对照品种固原苦荞增产10.70%。2000—2001年参加品种比较试验，折合平均产量为1 843.5kg/hm²，比对照品种固原苦荞增产55.30%。2002—2004年原州、西吉、隆德三点三年生产试验，折合平均产量为1 513.5kg/hm²，比对照品种固原苦荞增产25.90%。该品种大田生产正常年份产量在1 500.0kg/hm²左右，最高产量达2 910.0kg/hm²。

　　【用途】粮用、保健食品等。

宁荞2号

A.盛花期植株　B.成熟期植株　C.盛花期主花序　D.成熟期主果枝　E.种子

甘荞1号

【品种名称】甘荞1号，原代号为862。

【SSR指纹】1110000000 0101101001 1111110111 1110001000 0001011011 0001010100 010 (8073634648196604578)。

甘荞1号

A.盛花期植株 B.成熟期植株 C.盛花期主花序 D.成熟期主果枝 E.种子

【品种来源、育种方法】甘肃省平凉市农业科学研究所以地方品种静宁苦荞为材料，经两轮混合选择选育而成的苦荞新品种。1990年通过甘肃省农作物品种审定小组审定，定名为甘荞1号，品种审定证书编号：平地审字（1990）第02号。

【形态特征及农艺性状】品种审定资料表明，甘荞1号为一年生，全生育期春播95d，夏播84d，属中晚熟品种。根系发达，吸收水肥能力强；株高98cm，株型紧凑，茎秆淡绿色，一级分枝数4个；花浅绿色，花柱同短，自花授粉；籽粒黑色、锥形、有腹沟，单株粒重4.0g，千粒重22.0g。经贵州师范大学荞麦产业技术研究中心2013年测定，甘荞1号千粒重为19.7g，千粒米重为14.2g，果壳率为27.92%。

【抗性特征】耐旱，耐瘠薄，抗倒伏，高抗萎缩病，中抗白霉病。

【籽粒品质】经甘肃省平凉市农业科学研究所测定，甘荞1号籽粒粗蛋白含量为12.37%，淀粉含量为59.90%，粗脂肪含量为2.77%，赖氨酸含量为0.52%，出粉率为68.10%。

【适应范围与单位面积产量】适合在甘肃等苦荞分布区种植。1987—1989年在地区区试中，甘荞1号平均产量为1 996.5kg/hm²，较对照品种静宁苦荞增产23.70%；1987—1989年参加第2轮全国荞麦区域试验，甘荞1号3年平均产量为1 650.0kg/hm²，3年均居参试品种第2。

【用途】粮用、苦荞酒、保健食品等。

榆 6-21

【品种名称】榆6-21。

【SSR指纹】1110001100 0101101101 1101010001 0110001000 0001011010 0111001101 100（8181754793401470572）。

【品种来源、育种方法】西北农林科技大学农学院柴岩等以榆林定边县农家种黑苦荞为原始材料，从混合群体中选择优良变异单株，经加代选育而成的苦荞品种。1996年通过青海省农作物品种审定委员会审定，审定证书编号：青种合字（96）第0110号。

【形态特征及农艺性状】品种审定资料表明，榆6-21为一年生，全生育期80～85d，属中熟品种。绿苗绿茎，株型半紧凑，株高100cm左右，单株主茎一级分枝数3～4个，主茎节数16～18节，叶深绿色；花浅绿色，花柱同短，自花授粉；籽粒锥形、黑色、有腹沟，单株粒重8.0g左右，千粒重23.0g左右（魏益民等，1995）。2003—2004年山西省农业科学院高寒区作物研究所引种试验表明，榆6-21全生育期101d，属晚熟品种。株高148.5cm，主茎节数15.3节，一级分枝3.9个，花簇数23.2个，单株粒数155.3粒，单株粒重2.8g，千粒重18.6g（杨明君等，2006）。王健胜（2005）农艺性状统计表明，榆6-21全生育期85d，属中熟品种。株高95.8cm，主茎分枝数6个，主茎节数15.8节，单株粒重4.2g，千粒重21.3g。2009年宁夏回族自治区彭阳县种子管理站在原州区头营科研基地川旱地引种试验表明，榆6-21全生育期88d，属中熟品种；株高72.9cm，株型紧凑，主茎分枝数6.5个，主茎节数

17.4节，单株粒重2.8g，千粒重14.7g（王学山、杨存祥，2009；王收良等，2010）。经贵州师范大学荞麦产业技术研究中心2013年测定，榆6-21千粒重为26.8g，千粒米重为20.4g，果壳率为23.88%。

【抗性特征】耐寒性强。宁夏回族自治区彭阳县种子管理站在原州区头营科研基地川旱地引种试验表明，榆6-21抗旱性强，抗倒伏性强，无病害发生（王学山、杨存祥，2009）。

【籽粒品质】经陕西省榆林市农业科学研究所测定，榆6-21籽粒的蛋白质含量为11.50%，脂肪含量为2.20%，淀粉含量为72.50%，维生素PP含量为1.08μg/g，维生素C含量为6.08μg/g，维生素B_1含量为4.40μg/g，维生素B_2含量为20.88μg/g，出粉率70.00%左右（董永利，2000）。经西北农业大学食品学系测定，榆6-21荞麦面粉的纤维素含量3.08%，蛋白质含量8.76%（其中，清蛋白含量31.80%，球蛋白含量11.40%，醇溶蛋白含量2.30%，谷

榆6-21

A.盛花期植株　B.成熟期植株　C.盛花期主花序　D.成熟期主果枝　E.种子

蛋白含量25.70%，残渣蛋白28.80%），灰分含量为3.30%，赖氨酸占总蛋白质含量的5.96%（魏益民等，1995）。经贵州师范大学荞麦产业技术研究中心测定，榆6-21籽粒的硒含量为0.09mg/kg。2003年经西北农林科技大学、陕西省榆林农业学校测定，榆6-21芽菜的芦丁含量为0.78mg/g，胡萝卜素含量为9.20μg/g，赖氨酸含量为75.36mg/g，草酸含量为0.49mg/g（陈鹏等，2003）。经浙江大学农业与生物技术学院测定，榆6-21籽粒的芦丁含量为1.22%（文平，2006）。2010年经山西省农业科学院小杂粮研究中心测定，榆6-21 100g干种子的硒含量为24.01μg（李秀莲等，2011a）。

【适应范围与单位面积产量】适合在青海、陕西北部、山西北部、中部及南部丘陵山地，河北张北地区以及同类生态区种植。一般平均产量为1 800.0～2 250.0kg/hm²，最高产量可达3 150.0kg/hm²。2003—2004年山西省农业科学院高寒区作物研究所引种试验表明，榆6-21两年平均产量为2 371.6kg/hm²，比对照品种广灵苦荞1号增产29.80%，居参试品种第7。2009年宁夏回族自治区彭阳县种子管理站在原州区头营科研基地川旱地引种试验表明，榆6-21折合平均产量为1 430.0kg/hm²，比对照品种固原苦荞增产64.37%，居参试品种第3（王学山、杨存祥，2009；王收良等，2010）。

【用途】粮用（苦荞米、荞粉、荞面等）、菜用（荞麦芽菜）等。

西 农 9909

【品种名称】西农9909。

【SSR指纹】1110001100 0101100101 1100010000 0110001000 0001011010 0001000100 010（8181683866311541282）。

【品种来源、育种方法】西北农林科技大学农学院柴岩等以陕西华县地方苦荞为材料，从混杂群体中筛选优良变异单株，经系统选育而成的苦荞品种。2008年通过国家小宗粮豆品种鉴定委员会鉴定，品种审定证书编号：国品鉴杂2008001号。

【形态特征及农艺性状】品种审定资料表明，西农9909为一年生，全生育期85～95d，属中晚熟品种。株型紧凑，株高110～120cm，主茎分枝数5～6个，主茎节数15～17节，幼茎绿色；花浅绿色，花柱同短，自花授粉；籽粒灰褐色、有腹沟，单株粒重5.0～6.0g，千粒重17.0～20.0g。2005年辽宁省农业科学院作物研究所与沈阳农业大学在辽宁省农业科学院作物研究所杂粮室旱田试验地的引种试验表明，西农9909全生育期82d，属中熟品种。株高130.0cm，主茎分枝数6.7个，花数233朵，单株粒重7.7g，千粒重18.0g，籽粒灰色、钝三棱形（崔天鸣等，2008）。王健胜（2005）农艺性状统计表明，西农9909全生育期94.7d，属晚熟品种。株高123.6cm，主茎分枝数5.4个，主茎节数16.9节，单株粒重6.1g，千粒重19.8g。

【抗性特征】抗倒伏，抗旱，耐瘠薄，落粒轻，适应性强。

【籽粒品质】农业部食品质量监督检验测试中心（杨凌）检测，西农9909籽粒的粗蛋白含量为13.10%，淀粉含量为73.43%，粗脂肪含量为3.25%，总黄酮（芦丁）含量为1.33%。经浙江大学测定，西农9909籽粒清蛋白含量为7.13%，球蛋白含量为1.42%，醇溶蛋白含量为0.35%，谷蛋白含量为2.16%，总蛋白含量为16.13%（文平，2006）。据贵州六盘水师范高等专科学校测定，西农9909籽粒总黄酮含量为23.54mg/g，三叶期总黄酮含量为43.03mg/g，四叶期根总黄酮含量为13.81mg/g、茎总黄酮含量为15.51mg/g、叶总黄酮含量为54.69mg/g，五叶期根总黄酮含量为19.26mg/g、茎总黄酮含量为27.60mg/g、叶总黄酮含量为60.62mg/g，初花期根总黄酮含量为20.72mg/g、茎总黄酮含量为20.10mg/g、叶总黄酮含量为88.90mg/g，盛花期根总黄酮含量为25.64mg/g、茎总黄酮含量为14.75mg/g、花叶总黄酮含量为84.13mg/g（王玉珠等，2007）。据四川农业大学测定，西农9909籽粒的铁元素

西农9909

A.盛花期植株　B.成熟期植株　C.盛花期主花序　D.成熟期主果枝　E.种子

含量为110.17μg/g，锌元素含量为6.72μg/g，硒元素含量为0.68μg/g。郑君君等（2009）测定，西农9909荞麦面粉水分含量为17.66%，灰分含量为1.07%，心粉粗蛋白含量为8.60%、皮粉粗蛋白含量为22.10%，粗纤维含量为0.66%，心粉淀粉含量为43.68%、皮粉淀粉含量为71.43%，直链淀粉含量为26.40%，总黄酮含量为4.86%，出粉率65.30%。西农9909苦荞根的芦丁含量为187.60mg/g，槲皮素含量为28.50mg/g，总黄酮含量为275.24mg/g（谭玉荣等，2012）。徐笑宇等（2015）测定，西农9909籽粒黄酮含量为19.15mg/g。

【适应范围与单位面积产量】适合在陕西渭北、秦巴山区及内蒙古、河北、甘肃、宁夏、云南、贵州等春播区和湖南、江苏等秋播区等推广种植。西北地区平均产量为2 344.5kg/hm²，比对照品种九江苦荞增产16.00%，西南地区平均产量为2 023.5kg/hm²。该品种总体产量一般为1 500.0kg/hm²，最高产量可达2 550.0kg/hm²。2005年辽宁省农业科学院作物研究所与沈阳农业大学在辽宁省农业科学院作物研究所杂粮室旱田试验地的引种试验表明，西农9909折合平均产量为1 359.7kg/hm²，居参试品种第2（崔天鸣等，2008）。

【用途】粮用、保健食品等。

西农 9920

【品种名称】西农9920。

【SSR指纹】0011000011 1001100101 1100110000 0110001000 0001011010 0111010100 010（1761802872372809378）。

【品种来源、育种方法】西北农林科技大学农学院柴岩等以陕南苦荞混合群体为材料，筛选优良变异单株，经加代选育而成的高黄酮苦荞品种。2004年通过国家小宗粮豆品种鉴定委员会鉴定并命名，审定证书编号：国品鉴杂2004014号。

【形态特征及农艺性状】品种审定资料表明，西农9920为一年生，全生育期88d左右，属中熟品种。幼茎绿色，株型紧凑，株高107.5cm，主茎分枝数5.9个，主茎节数16.3节；花浅绿色，花柱同短，自花授粉；籽粒灰褐色、有腹沟，单株粒重3.6g，千粒重17.9g（段志龙、王常军，2012）。王健胜（2005）农艺性状统计表明，西农9920全生育期95.8d，属晚熟品种。株高118cm，主茎分枝数4.8个，主茎节数14.5节，单株粒重6.4g，千粒重23.1g。郑君君等（2009）测定，西农9920千粒重16.4g，容重656g/L，水分含量11.71%。

【抗性特征】抗倒伏、抗旱、耐瘠薄，适应性强，落粒轻。

【籽粒品质】经农业部食品质量监督检验测试中心（杨凌）检测，西农9920籽粒粗蛋白含量为13.10%，粗脂肪含量为3.25%，淀粉含量为73.43%，芦丁含量为1.33%。经四川农业大学测定，西农9920籽粒的铁元素含量为81.69μg/g，锌元素含量为26.21μg/g，硒元素含量为0.77μg/g。郑君君等（2009）测定，西农9920荞麦面粉水分含量为17.63%，灰分含量为1.23%，心粉粗蛋白含量为9.20%、皮粉粗蛋白含量为18.40%，粗纤维含量为0.60%，心粉淀粉含量为44.72%、皮粉淀粉含量为72.41%，直链淀粉含量为27.20%，总黄酮含量为4.77%，出粉率63.30%。经西北农林科技大学食品科学与工程学院测定，西农9920直链淀粉含量为33.40%，支链淀粉含量为66.60%（刘航等，2012）。徐笑宇等（2015）测定，西农9920籽粒黄酮含量为18.70mg/g。

【适应范围与单位面积产量】适合在内蒙古、河北、甘肃、宁夏等地春播区种植，湖南、江苏等秋播区种植。2000—2002年参加第6轮国家品种区域试验，3年平均产量为1 578.0kg/hm²，比对照品种增产0.90%，居参试品种第1。2003年生产试验的平均产量为2 220.0kg/hm²，比对照品种增产26.00%。在陕西、河北、甘肃、贵州等省进行生产试验，表现高产。

【用途】粮用、苦荞酒、保健食品等。

西农9920

A.盛花期植株 B.成熟期植株 C.盛花期主花序 D.成熟期主果枝 E.种子

黑 丰 1 号

【品种名称】 黑丰1号。

【SSR指纹】 1110000011 1001100100 0010010001 0110001000 0001011010 0111000100 000 (8102856587771334176)。

【品种来源、育种方法】 山西省农业科学院农作物品种资源研究所王子玉、牛西午、周建萍等于1990年从外引品种榆6-21中筛选变异单株,经系统选育而成的苦荞品种。1999年通过山西省农作物品种审定委员会认定,认定证书编号:(99)晋品审字第18号。

【形态特征及农艺性状】 品种鉴定资料表明,黑丰1号为一年生,全生育期85~90d,属中晚熟品种。生长势强,株型紧凑、挺拔,茎绿色,株高110~140cm,茎粗8~12cm,平均主茎分枝数11个,主茎节数26~28节,主茎一级分枝数4~6个;花浅绿色,花柱同短,自花授粉;籽粒黑色、锥形,有腹沟,单株粒数748粒,单株粒重12.1~22.2g,千粒重大于21.0g(段志龙、王常军,2012)。2003—2004年山西省农业科学院高寒区作物研究所引种试验表明,黑丰1号全生育期98d,属晚熟品种。株高147.9cm,主茎节数15.9节,一级分枝数3.3个,单株粒数151.7粒,单株粒重2.8g,千粒重18.8g(杨明君等,2006)。2011年内蒙古农业大学引种试验表明,黑丰1号全生育期81d,属中熟品种。株高163.3cm,主茎节数22节,主茎分枝数6个,花序数58.5个,千粒重13.1g(尚宏,2011)。经贵州师范大学荞麦产业技术研究中心2013年测定,黑丰1号千粒重为28.8g,千粒米重为21.7g,果壳率为24.65%。黑丰1号作为对照品种参加青海省引种试验,结果表明,全生育期111d,属晚熟品种。主茎分枝数(2.53±0.46)个,主茎节数(17.93±0.81)节,株高(154.70±12.54)cm;单株粒重(4.77±0.32)g,单株粒数(276.73±24.84)粒,千粒重(17.25±0.52)g(闫忠心,2014)。

【抗性特征】 抗风,抗倒伏,落粒轻。

【籽粒品质】 山西省测试结果表明,黑丰1号籽粒粗蛋白含量为11.82%,粗脂肪含量为3.00%,粗淀粉含量为68.58%,总黄酮含量为2.50%,赖氨酸含量为0.83%,硒含量为0.31μg/g。经肇庆学院测定,黑丰1号籽粒的清蛋白含量为(35.12±1.77)mg/g,球蛋白含量为(4.33±0.29)mg/g,醇溶蛋白含量为(3.55±0.16)mg/g,谷蛋白含量为(7.14±0.16)mg/g(刘拥海等,2006)。2010年经山西省农业科学院小杂粮研究中心测定,黑丰1号干种子的硒含量为0.18μg/g(李秀莲等,2011a)。2012年山西农业大学生物工程研究所对种植于山西农业大学农作站的黑丰1号品种花、叶、茎组织芦丁含量进行了测定,其中,花的芦丁含量为(54.66±1.02)mg/g,叶的芦丁含量为(48.52±3.27)mg/g,茎的芦丁含量为(7.49±1.92)mg/g(郭彬等,2013)。

【适应范围与单位面积产量】 适合在无霜期超过130d、有效积温大于1 800℃的荞麦产区种植。在山西雁北地区及海拔1 000m以上地区宜春播，晋中、晋东南多雨温暖地区宜夏播，也可麦后复播。1993—1994年在山西灵丘、右玉、平鲁、大同、盂县、寿阳、汾西、交口等地试种，平均产量3 000.0kg/hm²左右，比亲本榆6-21增产30.00%～68.00%，比当地农家品种增产52.00%～85.00%。1998年在山西榆次区庄子乡南赵村示范，并在旱塬地上进行麦后复播试验，与当地甜荞同期播种，同时采用浇水与不浇水两个处理，未浇水的平均产量为2 700.0kg/hm²，浇水的平均产量为3 975.0kg/hm²，增产显著。2003—2004年山西省农业科学院高寒区作物研究所引种试验表明，黑丰1号两年平均产量为2 110.4kg/hm²，比对照品种广灵苦荞1号增产15.50%，居参试品种第8。2011年内蒙古农业大学引种试验表明，黑丰1号平均产量为2 277.8kg/hm²，居参试品种第7（尚宏，2011）。2012年山西省右玉县农业委员会在右玉县高家堡乡进行苦荞引种试验，黑丰1号作为对照品种参试，折

黑丰1号

A.盛花期植株　B.成熟期植株　C.盛花期主花序　D.成熟期主果枝　E.种子

合平均产量为 1 249.5kg/hm²，居参试品种第 7（程树萍，2012）。2013年山西省昔阳县种子管理站、晋中市种子管理站在山西省晋中市昔阳县大寨镇进行苦荞引种试验，黑丰1号折合平均产量为 1 050.0kg/hm²，比对照品种和顺苦荞减产19.20%（王永红、白瑞繁，2014）。黑丰1号作为对照品种参加青海省引种试验，其平均产量为（4 660.2±772.6）kg/hm²（闫忠心，2014）。

【用途】粮用（荞米、荞粉、荞面等）、保健食品、饮料、蔬菜等。

晋荞麦（苦）2号

【品种名称】晋荞麦（苦）2号，原名9279-21。

【SSR指纹】1110101100 0101101100 0011010111 0001100111 1001010010 0001010100 000（8469970925021446816）。

【品种来源、育种方法】山西省农业科学院小杂粮研究中心李秀莲等于1991年以 ⁶⁰Co-γ 射线辐射处理地方品种五台苦荞，选出变异单株，经多年系统选育而成的苦荞新品种。2000年通过山西省农作物品种审定委员会审定，审定证书编号：S351号；2009年通过宁夏回族自治区农作物品种审定委员会审定，品种证书编号：宁审荞2009002号。2010年通过全国小宗粮豆品种审定委员会鉴定，审定证书编号：国品鉴杂2010009号。

【形态特征及农艺性状】品种审定资料表明，晋荞麦（苦）2号为一年生，全生育期 85～90d，属中晚熟品种。幼茎绿色，叶色深绿，株高100～125cm，主茎分枝数4～5个，田间生长势强，生长整齐；花浅绿色，花柱同短，自花授粉；籽粒长形、浅褐色，腹沟深，粗糙，无刺，单株粒重6.0g，千粒重18.5g，容重748.1g/L。2003—2004年山西省农业科学院高寒区作物研究所引种试验表明，晋荞麦（苦）2号全生育期98d，属晚熟品种。株高139.9cm，主茎节数14.2节，一级分枝4.1个，花簇数23.7个，单株粒数205.2粒，单株粒重3.29g，千粒重16.2g（杨明君等，2006）。2006—2008年第8轮国家苦荞品种北方组区域试验表明，晋荞麦（苦）2号全生育期93d，属晚熟品种。株高120.3cm，主茎分枝数6.4个，主茎节数15.9节，单株粒重4.5g，千粒重18.0g（李秀莲等，2011b）；南方组区域试验表明，晋荞麦（苦）2号全生育期85d，属中熟品种。株高110.7cm，主茎分枝数5.5个，主茎节数15.2节，单株粒重3.9g，千粒重20.1g（王莉花等，2012）。2006—2008年山西省农业科学院五寨试验站晋西北荞麦引种试验表明，晋荞麦（苦）2号全生育期114d，属晚熟品种。株高88cm，株型紧凑，主茎分枝数2.7个，主茎节数11～12节；花绿色，籽粒灰色，短棱锥形；单株粒重1.9g，千粒重14.3g（韩美善等，2010）。2011年内蒙古农业大学引种试验表明，晋荞麦（苦）2号全生育期87d，属中熟品种。株高158.0cm，主茎节数20.7节，主茎分枝数7.3个，花序数116.6个，千粒重12.1g（尚宏，2011）。2011年甘肃省定西市旱作农业科研推广中心在定西的引种试验表明，晋荞麦（苦）2号全生育期87d，属中熟品种。株高104.0cm，主茎分枝数6.4个，主茎节数15.5节，单株粒数180.5粒，单株粒重3.3g，千粒重18.4g，结实率46.70%（马宁等，2012）。2012年山西省右玉县农业委员会在右玉县高家堡乡进行苦荞引种试验，结果表明，晋荞麦（苦）2号全生育期95d，属晚熟品种。株高116.5cm，主茎分枝9.8个，主茎节数25.0节，单株粒重7.3g，千粒重17.8g（程树萍，2012）。经贵州师范大学荞麦产业技术研究中心2013年测定，晋荞麦（苦）2号千粒重为20.9g，千粒米重为16.1g，果壳率为22.97%。青海省引种试验表明，晋荞麦（苦）2号全生育期101d，属晚熟品种。主茎分枝数（4.43±2.14）个，主茎节数（16.70±1.82）节，株高（175.60±7.04）cm；单株粒重（4.92±1.20）g，单株粒数（290.15±59.84）粒，千粒重（16.92±1.89）g（闫忠心，2014）。

晋荞麦（苦）2号

A.盛花期植株 B.成熟期植株 C.盛花期主花序 D.成熟期主果枝 E.种子

【抗性特征】抗旱，抗倒伏，耐瘠薄，结实集中，落粒性中等，适应性广。

【籽粒品质】经农业部食品质量监督检验测试中心（杨凌）检测，晋荞麦（苦）2号籽粒的水分含量为10.75%，粗蛋白含量为13.45%，粗脂肪含量为3.09%，粗淀粉含量为63.07%，总黄酮含量为2.49%（李秀莲等，2011c）。经山西省农业科学院小杂粮研究中心测定，晋荞麦（苦）2号芦丁含量为2.39%（李秀莲等，2003）。2010年经山西省农业科学院小杂粮研究中心测定，晋荞麦（苦）2号100g干种子的硒含量为16.50μg（李秀莲等，2011a）。2012年山西农业大学生物工程研究所对种植于山西农业大学农作站的晋荞麦（苦）2号品种花、叶、茎组织芦丁含量进行了测定，其中，花的芦丁含量为（48.77±4.38）mg/g，叶的芦丁含量为（36.22±1.73）mg/g，茎的芦丁含量为（8.65±1.89）mg/g（郭彬等，2013）。徐笑宇等（2015）测定，晋荞麦（苦）2号籽粒黄酮含量为18.87mg/g。

【适应范围与单位面积产量】适合在晋北，内蒙古达拉特、赤峰，陕西榆林，宁夏盐池、同心、西吉，甘肃定西、会宁等荞麦产区种植。1994—1996年在太原参加品比试验，3年平均产量为1 425.0kg/hm²，比对照品种五台苦荞增产134.50%（李秀莲等，2001）。1998—1999年参加山西省生产试验，两年平均产量1 689.0kg/hm²，比对照品种五台苦荞增产19.30%。2003—2004年山西省农业科学院高寒区作物研究所引种试验表明，晋荞麦（苦）2号两年平均产量为3 370.1kg/hm²，比对照品种广灵苦荞1号增产84.50%，居参试品种第1。2006—2008年参加第8轮国家苦荞品种（北方组）区域试验表明，晋荞麦（苦）2号3年平均产量为2 006.0kg/hm²，比对照品种九江苦荞增产13.30%，居参试品种第1，在山西太原、宁夏盐池、甘肃会宁等试点表现较好。2006—2008年山西省农业科学院五寨试验站晋西北荞麦引种试验表明，晋荞麦（苦）2号3年平均产量为1 528.0kg/hm²，比参试苦荞品种平均产量增产3.90%，居参试品种第7（韩美善等，2010）。2011年内蒙古农业大学引种试验表明，晋荞麦（苦）2号平均产量为3 678.1kg/hm²，居参试品种第1（尚宏，2011）。2011年甘肃省定西市旱作农业科研推广中心在定西的引种试验表明，晋荞麦（苦）2号折合平均产量为3 290.0kg/hm²，比对照品种定引1号增产21.70%，居参试苦荞品种第2（马宁等，2012）。2012年山西省右玉县农业委员会在右玉县高家堡乡进行的苦荞引种试验表明，晋荞麦（苦）2号平均单产为2 020.5kg/hm²，比对照品种黑丰1号增产61.60%，且差异极显著，居参试品种第1（程树萍，2012）。2012年内蒙古赤峰市品比试验表明，晋荞麦（苦）2号折合平均产量为2 551.3kg/hm²，居参试品种第1。2013年山西省昔阳县种子管理站、晋中市种子管理站在昔阳县大寨镇进行的苦荞引种试验表明，晋荞麦（苦）2号折合平均产量为1 620.0kg/hm²，比对照品种和顺苦荞增产24.60%（王永红、白瑞繁，2014）。2011—2014年参加全国荞麦品种展示试验，晋荞麦（苦）2号4年平均产量为2 373.1kg/hm²，比参试苦荞平均产量增产16.86%。该品种较适宜种植的省份为青海（3 656.7kg/hm²）、宁夏（3 447.8kg/hm²）、西藏（2 820.9kg/hm²）、甘肃（2 522.4kg/hm²）、陕西（2 388.1kg/hm²）、山西（2 328.4kg/hm²）、吉林（2 194.0kg/hm²）、四川（2 149.3kg/hm²）、云南（2 134.3kg/hm²）、贵州（2 104.5kg/hm²）、内蒙古（1 940.3kg/hm²）、河北（1 328.4kg/hm²）、新疆（1 283.6kg/hm²）。

【用途】粮用（荞米、荞粉、荞面等）、保健食品、蔬菜等。

晋荞麦（苦）4号

【品种名称】晋荞麦（苦）4号，原名J2-8。

【SSR指纹】1110100011 1001100101 1100000000 0110001000 0000000010 0001000101 100

（8391101111544594988）。

晋荞麦（苦）4号

A.盛花期植株　B.成熟期植株　C.盛花期主花序　D.成熟期主果枝　E.种子

【品种来源、育种方法】山西省农业科学院小杂粮研究中心李秀莲等用等离子处理9279-21［晋荞麦（苦）2号］，筛选变异单株，运用定向（高芦丁）选择法选育而成的苦荞品种。2007年通过山西省农作物品种审定委员会认定，品种认定证书编号：晋审荞麦（认）2007001号。

【形态特征及农艺性状】品种审定资料表明，晋荞麦（苦）4号为一年生，全生育期104d，属晚熟品种。子叶肾圆形，绿色；幼苗真叶互生，为卵状三角形，绿色；株高120.2cm，株型紧凑，主茎节数21.5节，主茎分枝数8.1个；花序松散、呈串，花浅绿色，花柱同短，自花授粉，结实率25.50%；籽粒浅褐色，短形，腹沟深，粗糙，无刺，单株粒数628粒，单株粒重8.2g，千粒重18.7g，容重755.9g/L。经贵州师范大学荞麦产业技术研究中心2013年测定，晋荞麦（苦）4号千粒重为23.2g，千粒米重为17.0g，果壳率为26.72%。

【抗性特征】抗旱、抗病。

【籽粒品质】经山西省农业环境监测检测中心和山西省农业科学研究院综合利用研究所测试，晋荞麦（苦）4号籽粒芦丁含量为2.81%，比对照晋荞麦（甜）2号高17.60%；硒含量为0.24μg/g，比对照高45.90%。西南民族大学民族医药研究院、成都大学生物产业学院测定，晋荞麦（苦）4号芦丁含量为16.37mg/g（黄艳菲等，2012）。

【适应范围与单位面积产量】适合在山西省苦荞产区种植。2003—2004年在山西太原参加品比试验，2年平均产量为1 800.0kg/hm²，比对照品种晋荞麦（苦）2号增产2.80%。2005—2006年参加山西省生产试验，其中，2005年在山西五寨、原平、朔州、太原、寿阳、平遥6个试点进行省生产示范试验，折合平均产量为3 163.5kg/hm²，比对照品种晋荞麦（苦）2号增产14.90%；2006年在山西朔州、太原、寿阳、介修4个试点继续试验，折合平均产量为3 078.0kg/hm²，比对照品种晋荞麦（苦）2号增产9.80%。2011年在阳曲县大面积栽培示范，平均产量为3 650.0kg/hm²。2013年山西省昔阳县种子管理站、晋中市种子管理站在昔阳县大寨镇进行苦荞引种试验，晋荞麦（苦）4号折合平均产量为1 470.0kg/hm²，比对照品种和顺苦荞增产13.10%，居参试品种第6（王永红、白瑞繁，2014）。

【用途】粮用（荞米、荞粉、荞面等）、保健食品、蔬菜等。

晋荞麦（苦）5号

【品种名称】晋荞麦（苦）5号，原名晋辐-4。

【SSR指纹】1110000011 1001100100 0010010000 0110001000 0001011010 0111000100 010（8102856579181399586）。

【品种来源、育种方法】山西省农业科学院高粱研究所吕慧卿、郝志萍于2005年以等离子照射黑丰1号，筛选表现整齐的单株，经系统选育而成的苦荞品种。2011年通过山西省农作物品种审定委员会认定，认定证书编号：晋审荞（认）2011001号。

【**形态特征及农艺性状**】品种审定资料表明，晋荞麦（苦）5号为一年生，全生育期98d，属中晚熟品种。株高106.7cm，株型紧凑，生长势强，主茎节数20节，分枝数7个；幼叶、幼茎淡绿色，叶绿色、卵状三角形；花浅绿色，花柱同短，自花授粉；籽粒黑色，有腹沟，三棱卵圆形，无棱翅，单株粒数283粒，千粒重23.4g（吕慧卿等，2011）。经贵州师范大学荞麦产业技术研究中心2013年测定，晋荞麦（苦）5号千粒重为29.8g，千粒米重为22.9g，果壳率为23.15%。

【**抗性特征**】抗病，抗倒伏，耐瘠薄，落粒轻，抗旱性较强，适应性广。

【**籽粒品质**】经山西省食品工业研究所（太原）和山西省农业科学院环境与资源研究所检测，晋荞麦（苦）5号籽粒蛋白质含量为8.81%，脂肪含量为3.16%，淀粉含量为64.98%，黄酮含量为2.16%（吕慧卿等，2011）。

晋荞麦（苦）5号

A.盛花期植株　B.成熟期植株　C.盛花期主花序　D.成熟期主果枝　E.种子

【适应范围与单位面积产量】适合在晋北、晋中春荞麦产区及类似生态区种植。2009—2010年参加山西省区域试验，两年共计10点次，除1点减产外，其余全部比对照品种晋荞麦（苦）2号增产，平均产量达2 322.4kg/hm²，比对照品种晋荞麦（苦）2号增产11.30%。2008—2010年参加山西省荞麦生产示范试验，3年平均产量为2 180.3kg/hm²，比对照品种晋荞麦（苦）2号增产26.40%。

【用途】粮用（荞米、荞粉、荞面等）、苦荞酒、保健食品等。

晋荞麦（苦）6号

【品种名称】晋荞麦（苦）6号，原名苦荞04-46。

【SSR指纹】1110001100 0100100100 1101110111 0110001000 0001011011 0001010101 110（8181113005028369070）。

【品种来源、育种方法】山西省农业科学院高寒区作物研究所郭忠贤等于2004年以当地灵丘县农家种蜜蜂混合群体为材料，经单株系选育而成的苦荞新品种。2011年通过山西省农作物品种审定委员会审定，定名为晋荞麦（苦）6号，品种认定证书编号：晋审荞（认）2011002号；2015年通过国家小宗粮豆品种鉴定委员会鉴定，品种审定证书编号：国品鉴杂2015003。

【形态特征及农艺性状】品种鉴定资料表明，晋荞麦（苦）6号为一年生，全生育期93.7d，属中晚熟品种。生长势强，幼叶、幼茎绿色，株型紧凑，株高103.6cm左右，主茎节数19.8节，一级分枝数6.9个；花浅绿色，花柱同短，自花授粉；籽粒长形、灰黑色、有腹沟，单株粒数201.6粒，单株粒重3.8g，千粒重18.7g（金敬献等，2012；杨媛等，2012）。2011年内蒙古民族大学农学院和内蒙古赤峰市农牧科学研究院资源与环境研究所引种试验表明，晋荞麦（苦）6号全生育期90d，属晚熟品种。株高149.0cm，主茎节数19节，主茎分枝数4个，茎粗6.6mm，单株粒数218粒，单株粒重5.2g，千粒重24.1g，籽粒杂粒率20.50%，种子灰黑色。2011年甘肃省定西市旱作农业科研推广中心在定西的引种试验表明，晋荞麦（苦）6号全生育期87d，属中熟品种。株高79.0cm，主茎分枝数2.9个，主茎节数13.5节，单株粒数189.5粒，单株粒重3.6g，千粒重20.2g，结实率43.50%（马宁等，2012）。2012—2014年作为对照品种参加第10轮国家苦荞品种（北方组）区域试验，全生育期85d，属中熟品种；株高115.2cm，主茎分枝数5.2个，主茎节数13.8节，单株粒重4.5g，千粒重17.7g；参加南方组区域试验，全生育期80d，属中熟品种；株高113.1cm，主茎分枝数4.2个，主茎节数12.9节，单株粒重4.8g，千粒重21.3g。经贵州师范大学荞麦产业技术研究中心2013年测定，晋荞麦（苦）6号千粒重23.4g，千粒米重为17.8g，果壳率为23.93%。山西省农业科学院高寒区作物研究所引种试验表明，晋荞麦（苦）6号全生育期93d，属晚熟品种。株高122cm，主茎节数15.5节，一级分枝数3.9个；籽粒灰黑色，单株粒数185.7粒，单株粒重3.1g，千粒重16.7g（王慧等，2013）。青海省引种试验表明，晋荞麦（苦）6号全生育期86d，属中熟品种。主茎分枝数（4.10±0.36）个，主茎节数（14.43±1.00）节，株高（138.87±6.49）cm；单株粒重（3.80±0.07）g，单株粒数（211.80±17.56）粒，千粒重（17.93±0.36）g（闫忠心，2014）。

【抗性特征】抗病，抗倒伏，耐旱，适应性强。2011年内蒙古民族大学农学院和内蒙古赤峰市农牧科学研究院资源与环境研究所引种试验表明，晋荞麦（苦）6号倒伏面积40.00%，属中等程度倒伏；立枯病普遍率和蚜虫发生率为0。

【籽粒品质】经山西省农业科学院高寒区作物研究所测定，晋荞麦（苦）6号籽粒黄酮类含量为2.51%（杨媛等，2012）。

【适应范围与单位面积产量】适合在晋西北丘陵区，华北、西北等荞麦产区种植。

晋荞麦（苦）6号

A.盛花期植株　B.成熟期植株　C.盛花期主花序　D.成熟期主果枝　E.种子

2007—2009年参加品比试验，3年平均产量为2 674.5kg/hm²，比对照品种增产37.30%。2009—2010年在大同市灵邱县、左云县，朔州市右玉县及长治市、临汾市和晋中市的11个区试点进行生产示范，增产点9个，增产点率81.80%；两年平均产量为2 224.5kg/hm²，比对照品种晋荞麦（苦）2号增产10.30%。2011年内蒙古民族大学农学院和内蒙古赤峰市农牧科学研究院资源与环境研究所引种试验表明，晋荞麦（苦）6号平均产量为3 488.4kg/hm²，居参试品种第1，比对照品种敖汉苦荞增产25.40%。2011年甘肃省定西市旱作农业科研推广中心在定西的引种试验表明，晋荞麦（苦）6号折合平均产量为2 550.0kg/hm²，比对照品种定引1号减产5.70%，居参试苦荞品种第7（马宁等，2012）。2012—2014年参加第10轮国家苦荞品种（北方组）区域试验，3年平均产量为2 519.5kg/hm²，居参试品种第2，比对照品种九江苦荞增产9.55%，在山西大同，宁夏盐池，甘肃平凉、庆阳试点表现良好；参加南方组区域试验，3年平均产量为2 158.3kg/hm²，居参试品种第7，比对照品种九江苦荞增产1.55%，在四川昭觉、云南丽江试点表现良好。2012—2014年参加全国荞麦品种展示试验，3年平均产量为2 149.3kg/hm²，比参试苦荞平均产量增产5.84%。该品种较适宜种植的省份为青海（4 014.9kg/hm²）、宁夏（2 791.0kg/hm²）、西藏（2 552.2kg/hm²）、四川（2 447.8kg/hm²）、云南（2 223.9kg/hm²）、吉林（2 119.4kg/hm²）、内蒙古（1 955.2kg/hm²）、甘肃（1 820.9kg/hm²）、新疆（1 731.3kg/hm²）、河北（1 626.9kg/hm²）、贵州（1 611.9kg/hm²）、山西（1 417.9kg/hm²）。

【用途】粮用（荞米、荞粉、荞面等）、茶用（苦荞茶）、菜用（荞麦苗）。

第五章　苦荞地方品种（系）

第一节　苦荞地方品种（系）（南方组）

额 角 瓦 齿

【品种名称】额角瓦齿。

【SSR指纹】1110000000 0001100101
1111110111 1110001010 0000111010
0001010100 010（8071347664027337378）。

【品种来源、育种方法】系四川凉山彝族
自治州大面积种植的苦荞地方品种。

【形态特征及农艺性状】一年生，全生育
期83d左右，属中早熟品种。株高85cm左右，
株型紧凑，主茎分枝数5个左右，主茎基部空
心不坚实，主茎绿色；花序疏松，花浅绿色，
花柱同短，自花授粉，结实率13.0% ～ 14.0%；
籽粒褐色，长锥形，有腹沟，单株粒数110粒
左右，单株粒重3.0g，千粒重19.0g。经贵州
师范大学荞麦产业技术研究中心2013年测定，
额角瓦齿千粒重为21.2g，千粒米重为16.2g，
果壳率为23.58%。

【抗性特征】抗旱，不抗倒伏，适应性强。

【籽粒品质】经中国农业科学院作物科
学研究所、农业部作物品种资源监督检验测
试中心测定，额角瓦齿籽粒的粗蛋白含量为
12.98%，粗脂肪含量为5.36%，粗淀粉含量

额角瓦齿

A.盛花期植株　B.成熟期植株　C.盛花期主花序
D.成熟期主果枝　E.种子

为57.20%，芦丁含量为2.03%，总黄酮含量为2.31%。经成都大学生物产业学院测定，额角瓦齿籽粒的黄酮含量为2.06%，β-谷甾醇含量为0.10mg/g，手性肌醇含量为0.38%（彭镰心等，2010）。经贵州师范大学荞麦产业技术研究中心测定，额角瓦齿籽粒的硒含量为0.08mg/kg。

【适应范围与单位面积产量】适合在四川凉山彝族自治州及类似地区种植。一般平均产量为1 950.0kg/hm²，最高单产可达2 400.0kg/hm²。

【用途】粮用（荞米、荞粉、荞面等）、保健食品及饲料用。

额 拉

【品种名称】额拉。

【SSR指纹】1110000000 0111100001 1101010000 1110001000 0001011011 0001000100 010（8074688744840192546）。

【品种来源、育种方法】四川凉山彝族自治州大面积种植的苦荞地方品种。

【形态特征及农艺性状】一年生，全生育期75～80d，属中早熟品种。株高78.7cm，株型紧凑，主茎分枝数3.6～4个，主茎基部空心坚实，主茎绿色；花浅绿色，花柱同短，自花授粉；籽粒黑色，长锥形，有腹沟，无刺，单株粒数150粒左右，单株粒重1.6～2.3g，千粒重18.8～19.4g，结实率14.00%左右。经贵州师范大学荞麦产业技术研究中心2013年测定，额拉千粒重为22.2g，千粒米重为17.0g，果壳率为23.42%。

【抗性特征】落粒较轻，抗倒伏，抗旱，耐瘠薄。

【籽粒品质】额拉籽粒粗蛋白含量为9.91%，粗脂肪含量为3.09%，淀粉含量为72.11%，总黄酮含量为3.11%，芦丁含量为2.26%。经成都大学生物产业学院测定，额拉籽粒的β-谷甾醇含量为0.04mg/g，黄酮含量为2.15%，手性肌醇含量为0.30%（彭镰心等，2010）。经贵州师范大学荞麦产业技术研究中心测定，额拉籽粒的硒含量为0.15mg/kg。

【适应范围与单位面积产量】适合在四川凉山彝族自治州二半山及高山地区，以及云南昭通、丽江等相似生态区域种植。一般单产为1 500.0～2 250.0kg/hm²，最高产量可达600.0～3 000.0kg/hm²。

【用途】粮用（荞粉）、酿酒（苦荞酒）等。

额 拉
A.盛花期植株　B.成熟期植株
C.盛花期主花序　D.成熟期主果枝　E.种子

额 洛 乌 且

【品种名称】额洛乌且。

【品种来源、育种方法】四川凉山彝族自治州苦荞地方品种。

【形态特征及农艺性状】赵钢等（2002a）栽培试验表明，额洛乌且全生育期75d，属早熟品种。株高125.8cm，主茎节数18.1节，一级分枝数5.3个，单株粒重4.3g，千粒重19.7g，结实率30.40%。贵州师范大学荞麦产业技术研究中心柏杨基地试验表明，该品种一年生，株高111cm，主茎分枝数7个；花浅绿色，花柱同短，自花授粉；籽粒褐色、长形、有腹沟。山西省农业科学院大同南郊高寒所引种试验表明，额洛乌且全生育期102d，属晚熟品种；株型紧凑，株高145.6cm，主茎节数21.5节，一级分枝数3.8个；籽粒黑色、宽，单株粒重3.1g，千粒重15.4g（马大炜等，2015）。

【抗性特征】抗倒伏性中等，无病害发生。

【籽粒品质】额洛乌且籽粒粗蛋白含量为12.00%，粗脂肪含量为2.98%，总淀粉含量为64.42%，粗纤维含量为1.52%，维生素B$_1$含量为0.17mg/g，维生素B$_2$含量为0.54mg/g，维生素P含量为1.13%，赖氨酸含量为4.50mg/g，硒元素含量为0.048mg/kg（唐宇、赵钢，1999）。经贵州师范大学荞麦产业技术研究中心测定，该品种籽粒硒元素含量为7.65×10^{-4}mg/kg（黄小燕等，2010）。

【用途】粮用（荞米、荞粉、荞面等）、苦荞酒、保健食品等。

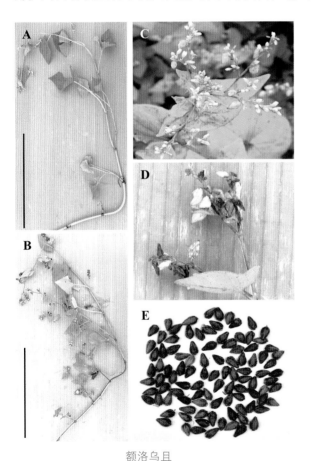

额洛乌且

A.盛花期植株 B.成熟期植株 C.盛花期主花序

D.成熟期主果枝 E.种子

凉 山 苦 荞

【品种名称】凉山苦荞。

【品种来源、育种方法】四川凉山彝族自治州苦荞地方品种。

【形态特征及农艺性状】一年生，全生育期90d，属晚熟品种。叶绿色，茎绿色，主茎节数14节，一级分枝数2.6个，株高142cm，株型紧凑；花浅绿色，花柱同短，自花授粉；籽粒长锥形、灰色，有腹沟，单株粒重2.9g，千粒重25.8g。贵州师范大学荞麦产业技术研究中心柏杨基地试验表明，该品种株高80cm，主茎分枝数6个，籽粒灰色。

【抗性特征】抗倒伏，无病害发生。

【籽粒品质】经贵州师范大学荞麦产业技术研究中心测定，该品种籽粒硒元素含量为 8.05×10^{-4} mg/kg（黄小燕等，2010）。

【用途】粮用（荞米、荞粉、荞面等）、苦荞酒、保健食品等。

凉山苦荞

A.盛花期植株　B.成熟期植株　C.盛花期主花序

D.成熟期主果枝　E.种子

照 905

【品种名称】照905。

【品种来源、育种方法】四川苦荞地方品种。

【形态特征及农艺性状】贵州师范大学荞麦产业技术研究中心柏杨基地试验表明，照905株高88cm，主茎分枝数8个；花浅绿色，花柱同短，自花授粉，籽粒灰褐色、有腹沟。

【抗性特征】抗倒伏性中等，无病害发生。

【籽粒品质】经贵州师范大学荞麦产业技术研究中心测定，该品种籽粒硒元素含量为1.17×10^{-3}mg/kg（黄小燕等，2010）。

【用途】粮用（荞米、荞粉、荞面等）、苦荞酒、保健食品等。

照905

A.盛花期植株　B.成熟期植株　C.盛花期主花序
D.成熟期主果枝　E.种子

冷 饭 团

【品种名称】冷饭团。

【SSR指纹】1110001100 0101100100 1101110001 0110011000 0001011010 0111010100 000（8181675903576395424）。

【品种来源、育种方法】贵州威宁苦荞地方品种。

【形态特征及农艺性状】一年生，全生育期83d，属中晚熟品种。株高113cm，株型紧凑，一级分枝数2.3个，单株主茎节数12节，茎秆绿色；花浅绿色，花柱同短，自花授粉；籽粒长形、灰色，有腹沟，单株粒重2.0g，千粒重20.5g。经贵州师范大学荞麦产业技术研究中心2013年测定，冷饭团千粒重为22.7g，千粒米重为17.1g，果壳率为24.67%。

【抗性特征】抗倒伏性中等，无病害发生。

【籽粒品质】2010年经贵州师范大学荞麦产业技术研究中心测定，冷饭团籽粒的硒含量为0.04mg/kg，属于中度富硒品种。

【用途】粮用、保健食品等。

冷饭团

A.盛花期植株　B.成熟期植株　C.盛花期主花序
D.成熟期主果枝　E.种子

大 苦 荞

【品种名称】大苦荞。

【品种来源、育种方法】贵州大方地方品种。

【形态特征及农艺性状】一年生，全生育期94d，晚熟品种。株高135cm，株型紧凑，叶色深绿，茎色深绿，主茎节数16.7节，一级分枝数3.3个；花浅绿色，花柱同短，自花授粉。籽粒长锥形、灰褐色，有腹沟，单株粒重3.2g，千粒重32.8g。贵州师范大学荞麦产业技术研究中心柏杨基地试验表明，该品种株高107cm，主茎分枝数11个，籽粒灰色。

【抗性特征】抗倒伏性中等，无病害发生。

【籽粒品质】经贵州师范大学荞麦产业技术研究中心测定，该品种籽粒硒元素含量为 3.92×10^{-4}mg/kg（黄小燕等，2010）。

【用途】粮用（荞米、荞粉、荞面等）、苦荞酒、保健食品等。

大苦荞

A.盛花期植株　B.成熟期植株　C.盛花期主花序

D.成熟期主果枝　E.种子

草坪苦荞

【品种名称】草坪苦荞。

【品种来源、育种方法】贵州赫章草坪苦荞地方品种。

【形态特征及农艺性状】一年生，全生育期95d，属晚熟品种。株高140cm，株型紧凑，叶色深绿，茎色深绿，主茎节数14节，一级分枝数2.9个；花浅绿色，花柱同短，自花授粉；籽粒短锥形、灰色，有腹沟，单株粒重2.7g，千粒重29.5g。贵州师范大学荞麦产业技术研究中心柏杨基地试验表明，草坪苦荞株高107cm，主茎分枝数9个，籽粒灰色。

【抗性特征】抗倒伏性中等，无病害发生。

【籽粒品质】经贵州师范大学荞麦产业技术研究中心测定，该品种籽粒硒元素含量为 7.63×10^{-4} mg/kg（黄小燕等，2010）。

【用途】粮用（荞米、荞粉、荞面等）、苦荞酒、保健食品等。

草坪苦荞
A.盛花期植株　B.成熟期植株
C.盛花期主花序　D.成熟期主果枝
E.种子

赫 章 苦 荞

【品种名称】赫章苦荞。

【品种来源、育种方法】贵州赫章苦荞地方品种。贵州师范大学荞麦产业技术研究中心种质资源库统一编号为T432。

【形态特征及农艺性状】一年生，全生育期94d，属晚熟品种。株高115cm，株型松散，茎色浅绿，叶色浅绿，主茎节数12节，一级分枝数2个；花浅绿色，花柱同短，自花授粉；籽粒长锥形、深褐色，有腹沟，单株粒重2.4g，千粒重21.5g。贵州师范大学荞麦产业技术研究中心柏杨基地试验表明，赫章苦荞株高97cm，主茎分枝数8个，籽粒灰色。

【抗性特征】抗倒伏性中等，无病害发生。

【用途】粮用（荞米、荞粉、荞面等）、苦荞酒、保健食品等。

赫章苦荞
A.盛花期植株　B.成熟期植株
C.盛花期主花序　D.成熟期主果枝
E.种子

黑苦3号

【品种名称】黑苦3号。

【品种来源、育种方法】贵州威宁苦荞地方品种。贵州师范大学荞麦产业技术研究中心种质资源库统一编号为T391。

【形态特征及农艺性状】贵州师范大学荞麦产业技术研究中心柏杨基地试验表明，该品种株高100cm，主茎分枝数10个；花浅绿色，花柱同短，自花授粉；籽粒黑色、短锥形，有腹沟。

【抗性特征】抗倒伏性中等，无病害发生。

【籽粒品质】贵州师范大学荞麦产业技术研究中心测定，该品种籽粒硒含量为0.164mg/kg。

【用途】粮用（荞米、荞粉、荞面等）、苦荞酒、保健食品等。

黑苦3号

A.盛花期植株　B.成熟期植株
C.盛花期主花序　D.成熟期主果枝
E.种子

盘县黑苦荞

【品种名称】盘县黑苦荞。

【品种来源、育种方法】贵州盘县苦荞地方品种。贵州师范大学荞麦产业技术研究中心种质资源库统一编号为T294。

【形态特征及农艺性状】贵州师范大学荞麦产业技术研究中心柏杨基地试验表明，该品种株高90cm，主茎分枝数5个；花浅绿色，花柱同短，自花授粉；籽粒长形、黑色，腹沟浅。

【抗性特征】抗倒伏性中等，无病虫害发生。

【用途】粮用（荞米、荞粉、荞面等）、苦荞酒、保健食品等。

盘县黑苦荞

A.盛花期植株　B.成熟期植株

C.盛花期主花序　D.成熟期主果枝

E.种子

基 苦 荞

【品种名称】基苦荞。

【品种来源、育种方法】贵州赫章古基苦荞地方品种。

【形态特征及农艺性状】一年生，全生育期95d，属晚熟品种。株高135cm，株型紧凑，叶色深绿，茎色深绿，主茎节数13.6节，一级分枝数2.6个；花浅绿色，花柱同短，自花授粉；籽粒长锥形、灰色，有腹沟，单株粒重2.9g，千粒重30.0g。贵州师范大学荞麦产业技术研究中心柏杨基地试验表明，该品种株高66cm，主茎分枝数5个，籽粒灰色。

【抗性特征】抗倒伏性中等，无病害发生。

【用途】粮用（荞米、荞粉、荞面等）、苦荞酒、保健食品等。

基苦荞

A.盛花期植株　B.成熟期植株　C.盛花期主花序　D.成熟期主果枝　E.种子

金 苦 荞

【品种名称】金苦荞。

【品种来源、育种方法】贵州赫章金山苦荞地方品种。贵州师范大学荞麦产业技术研究中心种质资源库统一编号为T439。

【形态特征及农艺性状】一年生，全生育期95d，属晚熟品种。株高135cm，株型紧凑，叶色浅绿，茎色浅绿，主茎节数13.2节，一级分枝数2.9个；花浅绿色，花柱同短，自花授粉；籽粒短锥形、灰色，有腹沟，单株粒重2.7g，千粒重28.0g。贵州师范大学荞麦产业技术研究中心柏杨基地试验表明，该品种株高96cm，主茎分枝数8个，籽粒灰色。

【抗性特征】抗倒伏，无病害发生。

【籽粒品质】经贵州师范大学荞麦产业技术研究中心测定，该品种籽粒硒元素含量为5.74×10^{-4}mg/kg（黄小燕等，2010）。

【用途】粮用（荞米、荞粉、荞面等）、苦荞酒、保健食品等。

金苦荞

A.盛花期植株 B.成熟期植株 C.盛花期主花序

D.成熟期主果枝 E.种子

伊孟苦荞

【品种名称】伊孟苦荞。

【品种来源、育种方法】贵州威宁苦荞地方品种。贵州师范大学荞麦产业技术研究中心种质资源统一编号为T324。

【形态特征及农艺性状】一年生，全生育期95d，属晚熟品种。株高125cm，株型紧凑，叶色和茎色深绿，主茎节数12.8节，一级分枝数2.9个；花浅绿色，花柱同短，自花授粉；籽粒长锥形，灰褐色，有腹沟，单株粒重2.6g，千粒重28.6g。贵州师范大学荞麦产业技术研究中心柏杨基地试验表明，该品种株高105cm，主茎分枝数7个，籽粒灰褐色。

【抗性特征】抗倒伏性中等，无病害发生。

【籽粒品质】经贵州师范大学荞麦产业技术研究中心测定，伊孟苦荞籽粒蛋白质含量为152.11mg/g，硒元素含量为1.15×10^{-3}mg/kg，总黄酮含量为3.41%（黄小燕等，2010；黄凯丰等，2011）。

【用途】粮用（荞米、荞粉、荞面等）、苦荞酒、保健食品等。

伊孟苦荞

A.盛花期植株　B.成熟期植株　C.盛花期主花序

D.成熟期主果枝　E.种子

额 拉 6

【品种名称】额拉6。

【品种来源、育种方法】贵州威宁苦荞地方品种。

【形态特征及农艺性状】一年生，全生育期94d，属晚熟品种。株高105cm，株型紧凑，叶色和茎色浅绿，主茎节数14节，一级分枝数3.4个；花浅绿色，花柱同短，自花授粉；籽粒长锥形、灰色，有腹沟，单株粒重3.0g，千粒重15.3g。贵州师范大学荞麦产业技术研究中心柏杨基地试验表明，额拉6株高120cm，主茎分枝数7个，籽粒褐色。

【抗性特征】抗倒伏，无病害发生。

【籽粒品质】经贵州师范大学荞麦产业技术研究中心测定，该品种籽粒硒元素含量为 7.17×10^{-4}mg/kg（黄小燕等，2010）。

【用途】粮用（荞米、荞粉、荞面等）、苦荞酒、保健食品等。

额拉6

A.盛花期植株 B.成熟期植株 C.盛花期主花序

D.成熟期主果枝 E.种子

额 斯

【品种名称】额斯。

【品种来源、育种方法】贵州威宁苦荞地方品种。

【形态特征及农艺性状】贵州师范大学荞麦产业技术研究中心柏杨基地试验表明，该品种株高96cm，主茎分枝数8个；花浅绿色，花柱同短，自花授粉；籽粒灰白色、长锥形，有腹沟。

【抗性特征】抗倒伏性中等，无病害发生。

【籽粒品质】经贵州师范大学荞麦产业技术研究中心测定，该苦荞籽粒硒元素含量为1.43×10³mg/kg（黄小燕等，2010）。

【用途】粮用（荞米、荞粉、荞面等）、苦荞酒、保健食品等。

额 斯
A.盛花期植株　B.成熟期植株
C.盛花期主花序　D.成熟期主果枝
E.种子

靠　山 -06

【品种名称】靠山 -06。

【品种来源、育种方法】贵州威宁苦荞地方品种。

【形态特征及农艺性状】一年生，全生育期95d，属晚熟品种。株高135cm，株型紧凑，叶色和茎色深绿，主茎节数13.6节，一级分枝数2.7个；花绿色，花柱同短，自花授粉；籽粒长锥形、灰色，有腹沟，单株粒重2.6g，千粒重22.0g。贵州师范大学荞麦产业技术研究中心柏杨基地试验表明，该品种株高124cm，主茎分枝数6个，籽粒褐色。

【抗性特征】抗倒伏性中等，无病害发生。

【籽粒品质】经贵州师范大学荞麦产业技术研究中心测定，靠山 -06籽粒硒元素含量为1.36×10^{-3}mg/kg（黄小燕等，2010）。

【用途】粮用（荞米、荞粉、荞面等）、苦荞酒、保健食品等。

靠山 -06

A.盛花期植株　B.成熟期植株

C.盛花期主花序　D.成熟期主果枝

E.种子

梅花山苦荞

【品种名称】梅花山苦荞。

【品种来源、育种方法】贵州威宁梅花山苦荞地方品种。

【形态特征及农艺性状】贵州师范大学荞麦产业技术研究中心柏杨基地试验表明，该品种株高70cm，主茎分枝数4个；花绿色，花柱同短，自花授粉；籽粒灰色，有腹沟。

【抗性特征】抗倒伏性中等，无病害发生。

【籽粒品质】梅花山苦荞粉芦丁含量为15.79mg/g，槲皮素含量为2.38mg/g，总黄酮含量为22.74mg/g（谭玉荣等，2012）。经贵州师范大学荞麦产业技术研究中心2013年测定，梅花山苦荞籽粒硒元素含量为 1.47×10^{-3} mg/kg。

【用途】粮用（荞米、荞粉、荞面等）、苦荞酒、保健食品等。

梅花山苦荞

A.盛花期植株 B.成熟期植株

C.盛花期主花序 D.成熟期主果枝

E.种子

威宁白苦荞

【品种名称】威宁白苦荞。

【品种来源、育种方法】贵州威宁苦荞地方品种。贵州师范大学荞麦产业技术研究中心种质资源统一编号为T347。

【形态特征及农艺性状】一年生，全生育期90d，属晚熟品种。株高115cm，株型松散，叶色和茎色深绿，主茎节数10.4节，一级分枝数2个；花绿色，花柱同短，自花授粉；籽粒长锥形、灰白色，有腹沟，单株粒重2.3g，千粒重23.0g。贵州师范大学荞麦产业技术研究中心柏杨基地试验表明，威宁白苦荞株高108cm，主茎分枝数9个，籽粒灰白色。

【抗性特征】抗倒伏性中等，无病害发生。

【籽粒品质】经贵州师范大学荞麦产业技术研究中心测定，该品种籽粒硒元素含量为4.72×10^{-4}mg/kg（黄小燕等，2010）。

【用途】粮用（荞米、荞粉、荞面等）、苦荞酒、保健食品等。

威宁白苦荞

A. 盛花期植株　B. 成熟期植株

C. 盛花期主花序　D. 成熟期主果枝

E. 种子

玉 龙 苦 荞

【品种名称】玉龙苦荞。

【品种来源、育种方法】贵州威宁玉龙苦荞地方品种。贵州师范大学荞麦产业技术研究中心种质资源统一编号为T386。

【形态特征及农艺性状】贵州师范大学荞麦产业技术研究中心柏杨基地试验表明，玉龙苦荞一年生，平均株高103cm，主茎分枝数10个；花绿色，花柱同短，自花授粉；籽粒短锥形，灰色或黑色，有腹沟。

【抗性特征】抗倒伏性中等，无病害发生。

【籽粒品质】贵州师范大学荞麦产业技术研究中心测定，该品种籽粒硒元素含量为0.102mg/kg（黄小燕等，2010）。

【用途】粮用（荞米、荞粉、荞面等）、苦荞酒、保健食品等。

玉龙苦荞

A.盛花期植株　B.成熟期植株

C.盛花期主花序　D.成熟期主果

枝　E.种子

羊街苦荞

【品种名称】羊街苦荞。

【品种来源、育种方法】贵州威宁养街苦荞地方品种。贵州师范大学荞麦产业技术研究中心种质资源统一编号为T297。

【形态特征及农艺性状】贵州师范大学荞麦产业技术研究中心柏杨基地试验表明，该品种一年生，全生育期95d，属晚熟品种。株高135cm，株型紧凑，叶色和茎色浅绿，主茎节数14节，一级分枝数2.8个；花绿色，花柱同短，自花授粉；籽粒长锥形、浅褐色，有腹沟，单株粒重3.2g，千粒重28.0g。

【抗性特征】抗倒伏，无病害发生。

【用途】粮用（荞米、荞粉、荞面等）、苦荞酒、保健食品等。

羊街苦荞
A.盛花期植株　B.成熟期植株
C.盛花期主花序　D.成熟期主果枝
E.种子

白苦荞3

【品种名称】白苦荞3。

【品种来源、育种方法】贵州威宁苦荞地方品种。

【形态特征及农艺性状】贵州师范大学荞麦产业技术研究中心柏杨基地试验表明，该品种一年生，株高100cm，主茎分枝数9个；花绿色，花柱同短，自花授粉；籽粒褐色，有腹沟。

【抗性特征】抗倒伏，无病害发生。

【籽粒品质】经贵州师范大学荞麦产业技术研究中心测定，白苦荞3籽粒硒元素含量为 1.32×10^{-3} mg/kg（黄小燕等，2010）。

【用途】粮用（荞米、荞粉、荞面等）、苦荞酒、保健食品等。

白苦荞3

A.盛花期植株　B.成熟期植株

C.盛花期主花序　D.成熟期主果枝

E.种子

黑 苦 1 号

【品种名称】黑苦1号。

【品种来源、育种方法】贵州威宁苦荞地方品种。

【形态特征及农艺性状】贵州师范大学荞麦产业技术研究中心柏杨基地试验表明，该品种一年生，株高96cm，主茎分枝数8个；花绿色，花柱同短，自花授粉；籽粒黑色、短锥形，有腹沟。

【抗性特征】抗倒伏，无病害发生。

【籽粒品质】经贵州师范大学荞麦产业技术研究中心测定，该品种籽粒硒元素含量为 6.07×10^{-4} mg/kg（黄小燕等，2010）。

【用途】粮用（荞米、荞粉、荞面等）、苦荞酒、保健食品等。

黑苦1号

A.盛花期植株　B.成熟期植株

C.盛花期主花序　D.成熟期主果枝

E.种子

黑苦6号

【品种名称】黑苦6号。

【品种来源、育种方法】贵州威宁苦荞地方品种。

【形态特征及农艺性状】一年生，全生育期94d，属晚熟品种。株高125cm，株型松散，叶色和茎色深绿，主茎节数12.4节，一级分枝数3.9个；花绿色，花柱同短，自花授粉；籽粒长锥形、灰色，有腹沟，单株粒重2.1g，千粒重21.0g。贵州师范大学荞麦产业技术研究中心柏杨基地试验表明，该品种株高86cm，主茎分枝数8个，籽粒黑色。

【抗性特征】抗倒伏性较强，无病害发生。具有较强的耐铝毒胁迫能力（韩承华等，2011）。

【籽粒品质】经贵州师范大学荞麦产业技术研究中心测定，该品种籽粒硒元素含量为1.22×10^{-3}mg/kg（黄小燕等，2010），总膳食纤维含量为20.92%，淀粉含量为64.31%（时政等，2011）。

【用途】粮用（荞米、荞粉、荞面等）、苦荞酒、保健食品等。

黑苦6号

A.盛花期植株　B.成熟期植株　C.盛花期主花序
D.成熟期主果枝　E.种子

密字 2 号

【品种名称】密字2号。

【品种来源、育种方法】贵州威宁苦荞品种。

【形态特征及农艺性状】1993—1994年吉林农业大学引种试验表明，密字2号全生育期90d，属晚熟品种。株高113.1cm，一级分枝数5.95个，二级分枝数8个，主茎节数19.8节，茎秆绿色，花白色，株型较松散；籽粒三棱形，棕色，有棱翅，单株粒数436.6粒，单株粒重5.1g，千粒重16.9g，秕粒率37.91%（李殿申等，1995）。贵州师范大学荞麦产业技术研究中心柏杨基地试验表明，该品种一年生，主茎绿色，3～5分枝；花柱同短，自花授粉；籽粒短锥形，灰色或暗灰色，有腹沟。

【抗性特征】抗倒伏性较强，无病害发生。

【适应范围与单位面积产量】1993—1994年吉林农业大学引种试验表明，密字2号折合平均产量为853.2kg/hm²，比对照品种洮南荞麦增产10.12%，居参试品种第5（李殿申等，1995）。

【用途】粮用（荞米、荞粉、荞面等）、苦荞酒、保健食品等。

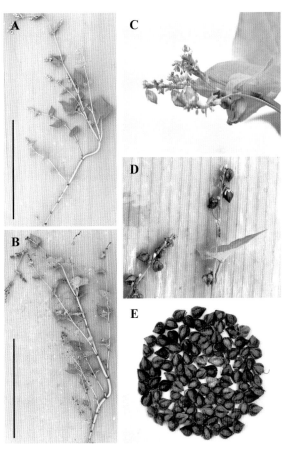

密字2号

A.盛花期植株　B.成熟期植株　C.盛花期主花序

D.成熟期主果枝　E.种子

滇 宁 1 号

【品种名称】滇宁1号。

【品种来源、育种方法】云南苦荞地方品种。

【形态特征及农艺性状】一年生，全生育期87d，属中熟品种。主茎节数14节，分枝数6.3个，株高70.5cm，株型松散；花浅绿色，花柱同短，自花授粉；籽粒灰色，有腹沟，单株粒重2.2g，千粒重16.0g（王学山、杨存祥，2009）。王健胜（2005）农艺性状统计表明，滇宁1号全生育期87d，属中熟品种。株高101.4cm，主茎分枝数6.3个，主茎节数16.5节，单株粒重3.5g，千粒重20.8g。贵州师范大学荞麦产业技术研究中心柏杨基地试验表明，该品种株高87cm，主茎分枝数11个，籽粒短锥形，灰色或暗灰色。

【抗性特征】2009年宁夏回族自治区彭阳县种子管理站在原州区头营科研基地川旱地引种试验表明，滇宁1号抗旱性强，抗倒伏性中等，无病害发生（王学山、杨存祥，2009）。

【籽粒品质】经浙江大学农业与生物技术学院测定，滇宁1号籽粒的芦丁含量为1.35%，清蛋白含量为7.46%，球蛋白含量为1.45%，醇溶蛋白含量为0.53%，谷蛋白含量为2.28%，总蛋白含量为17.48%（文平，2006）。据贵州六盘水师范高等专科学校测定，滇宁1号籽粒总黄酮含量为27.36mg/g，三叶期总黄酮含量为29.84mg/g，四叶期根总黄酮含量为5.85mg/g、茎总黄酮含量为8.98mg/g、叶总黄酮含量为35.58mg/g，五叶期根总黄酮含量为15.28mg/g、茎总黄酮含量为20.10mg/g、叶总黄酮含量为48.62mg/g，初花期根总黄酮含量为27.03mg/g、茎总黄酮含量为19.52mg/g、叶总黄酮含量为89.73mg/g，盛花期根总黄酮含量为13.77mg/g、茎总黄酮含量为11.79mg/g、花叶总黄酮含量为19.71mg/g（王玉珠等，

滇宁1号

A.盛花期植株　B.成熟期植株　C.盛花期主花序
D.成熟期主果枝　E.种子

2007)。经西南民族大学民族医药研究院及成都大学生物产业学院测定，滇宁1号籽粒芦丁含量为13.60mg/g，籽粒总黄酮含量为15.25mg/g（彭镰心等，2010）。经贵州师范大学荞麦产业技术研究中心测定，该品种籽粒硒元素含量为6.65×10^{-4}mg/kg（黄小燕等，2010）。

【适应范围与单位面积产量】2009年宁夏回族自治区彭阳县种子管理站在原州区头营科研基地川旱地引种试验表明，滇宁1号折合平均产量为1 090.0kg/hm²，比对照品种固原苦荞增产25.29%，居参试品种第6（王学山、杨存祥，2009）。

【用途】粮用（荞米、荞粉、荞面等）、苦荞酒、保健食品等。

格 阿 莫 苦 荞

【品种名称】格阿莫苦荞。

【品种来源、育种方法】云南迪庆藏族自治州苦荞地方品种。

【形态特征及农艺性状】贵州师范大学荞麦产业技术研究中心柏杨基地试验表明，该品种株高115cm，主茎分枝数10个；花绿色，花柱同短，自花授粉；籽粒长粒，灰色或暗灰色。青海省引种试验表明，格阿莫苦荞全生育期123d，属极晚熟品种。主茎分枝数（2.70±1.01）个，主茎节数（21.80±0.50）节，株高（199.43±9.47）cm，单株粒重（4.51±1.04）g，千粒重（19.25±1.48）g（闫忠心，2014）。

【抗性特征】抗倒伏，无病害发生。

【适应范围与单位面积产量】青海省引种试验表明，平均产量为（5 246.9±773.68）kg/hm²（闫忠心，2014）。

【用途】粮用（荞米、荞粉、荞面等）、苦荞酒、保健食品等。

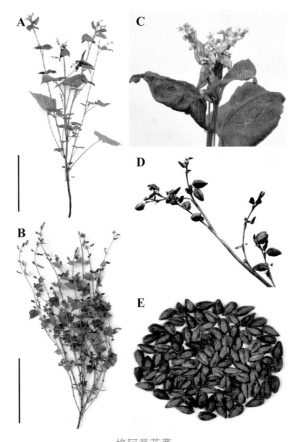

格阿莫苦荞
A.盛花期植株　B.成熟期植株　C.盛花期主花序
D.成熟期主果枝　E.种子

野鸡苦荞

【品种名称】野鸡苦荞。

【品种来源、育种方法】云南迪庆藏族自治州苦荞地方品种。

【形态特征及农艺性状】贵州师范大学荞麦产业技术研究中心柏杨基地试验表明，该品种一年生，株高92cm，主茎多分枝，分枝数12个；花绿色，花柱同短，自花授粉；籽粒长形、有腹沟，灰色。青海省引种试验表明，野鸡苦荞全生育期123d，属极晚熟品种。主茎分枝数（3.43±0.40）个，主茎节数（23.87±0.90）节，株高（187.33±9.08）cm；单株粒数（192.98±38.73）粒，单株粒重（3.69±1.06）g，千粒重（18.89±1.65）g（闫忠心，2014）。

【抗性特征】抗倒伏，无病害发生。

【适应范围与单位面积产量】青海省引种试验表明，平均产量为（4 160.20±334.08）kg/hm^2（闫忠心，2014）。

【用途】粮用（荞米、荞粉、荞面等）、苦荞酒、保健食品等。

野鸡苦荞

A.盛花期植株　B.成熟期植株　C.盛花期主花序

D.成熟期主果枝　E.种子

羊坪早熟荞

【品种名称】羊坪早熟荞。

【品种来源、育种方法】云南迪庆藏族自治州农业科学研究所以丽江市永胜县羊坪乡地方农家品种为材料，经系统选育而成的苦荞品种。

【形态特征及农艺性状】一年生，全生育期76d，属早熟品种。株高133.1cm，主茎分枝数3.7个，主茎节数20.4节；花绿色，花柱同短，自花授粉；籽粒灰色、心形，有腹沟，单株粒数355粒，单株粒重5.2g，千粒重16.4g。2012—2014年参加第10轮国家苦荞品种（北方组）区域试验，全生育期106d，属晚熟品种。株高114.4cm，主茎分枝数5.7个，主茎节数18节，单株粒重3.4g，千粒重19.3g；参加南方组区域试验，全生育期88d，属中熟品种，株高106.0cm，主茎分枝数4.5个，主茎节数15节，单株粒重4.6g，千粒重21.3g。

【抗性特征】抗倒伏，抗轮纹病。

【适应范围与单位面积产量】2012—2014年参加第10轮国家苦荞品种（北方组）区域试验，3年平均产量为1 414.3kg/hm²，居参试品种第13，比对照品种九江苦荞减产38.50%，在内蒙古达拉特旗试点表现较好；参加南方组区域试验，3年平均产量为1 751.8kg/hm²，居参试品种第13，比对照品种九江苦荞减产20.09%。2014年参加全国荞麦品种展示试验的平均产量为1 582.1kg/hm²，比各点苦荞品种平均产量减产27.55%。该品种较适合种植的省份为青海（2 970.1kg/hm²）、西藏（2 507.5kg/hm²）、贵州（2 253.7kg/hm²）、宁夏（2 014.9kg/hm²）、甘肃（1 910.4kg/hm²）以及山西（1 701.5kg/hm²）。

【用途】粮用、保健食品等。

羊坪早熟荞

A.盛花期植株 B.成熟期植株 C.盛花期主花序
D.成熟期主果枝 E.种子
（图A—E来自云南省农业科学院王莉花）

海子鸽苦荞

【品种名称】海子鸽苦荞。

【品种来源、育种方法】云南迪庆藏族自治州农家品种。

【形态特征及农艺性状】据青海省畜牧兽医科学院统计表明，该品种一年生，全生育期127d，属晚熟品种。主分枝数2.9个，主茎节数24.0节，株高192.0cm；花绿色，花柱同短，自花授粉；籽粒短锥形、灰色，有腹沟。2012—2014年参加第10轮国家苦荞品种（北方组）区域试验，海子鸽苦荞全生育期86d，属中熟品种，株高117.1cm，主茎分枝数5.2个，主茎节数13.6节，单株粒重3.7g，千粒重17.3g；参加南方组区域试验，海子鸽苦荞全生育期81d，属中熟品种，株高113.6cm，主茎分枝数4.1个，主茎节数13.5节，单株粒重4.9g，千粒重21.2g。经贵州师范大学荞麦产业技术研究中心2013年测定，海子鸽苦荞株高131cm，主茎分枝数11个，千粒重为20.3g，千粒米重为15.9g，果壳率为21.67%。青海省引种试验表明，海子鸽苦荞全生育期127d，属极晚熟品种。主茎分枝数（2.87±0.75）个，主茎节数（24.00±1.50）节，株高（192.37±12.23）cm；单株粒数（235.67±15.07）粒，单株粒重（4.87±0.62）g，千粒重（20.65±1.60）g（闫忠心，2014）。

【抗性特征】抗倒伏，无病害发生。

【适应范围与单位面积产量】2012—2014年参加第10轮国家苦荞品种（北方组）区域试验，3年平均产量为2 097.8kg/hm²，居参试品种第11，比对照品种九江苦荞减产8.79%，在甘肃定西试点产量良好；参加南方组区域试验，3年平均产量为2 220.4kg/hm²，居参试品种第3，比对照品种九江苦荞增产1.28%，在贵州威宁、云南迪庆、重庆永川试点产量良好。青海省引种试验表明，平均产量为（5 033.59±611.04）kg/hm²

海子鸽苦荞
A.盛花期植株　B.成熟期植株　C.盛花期主花序
D.成熟期主果枝　E.种子

（闫忠心，2014）。

【用途】粮用（荞米、荞粉、荞面等）、苦荞酒、保健食品等。

西藏山南苦荞

【品种名称】西藏山南苦荞。

【SSR指纹】1110000011 1001100101 1100010001 1110001000 0001011010 0001000100 000（8102870885717459488）。

【品种来源、育种方法】西藏苦荞地方品种。

【形态特征及农艺性状】一年生，株高约78cm，株型紧凑，主茎分枝数11个左右；花绿色，花柱同短，自花授粉；籽粒长锥形、灰色，有腹沟。经贵州师范大学荞麦产业技术研究中心2013年测定，西藏山南苦荞千粒重为20.0g，千粒米重为15.2g，果壳率为24.00%。

【抗性特征】抗倒伏，无病害发生。

【用途】粮用、保健食品等。

西藏山南苦荞

A.盛花期植株　B.成熟期植株　C.盛花期主花序

D.成熟期主果枝　E.种子

隆孜苦荞

【品种名称】隆孜苦荞。

【品种来源、育种方法】西藏山南地区农业科学研究所吴银云等从山南地区隆子县加玉乡苦荞地方品种经混合选育而成。

【形态特征及农艺性状】山南地区农业科学研究所试验基地栽培试验表明，隆孜苦荞全生育期120d，属晚熟品种。株高98～128cm，主茎基部空心坚实，主茎呈暗红色或绿色，主茎分枝数2～7个；花序紧密呈簇，花红色，籽粒灰色，长钝粒，结实率38.21%，单株粒数240.4粒，单株粒重5.3g，千粒重22.2g。

【抗性特征】较抗病虫害，抗旱性强，不落粒。

【适应范围与单位面积产量】适合西藏山南地区沿江及低海拔地区种植或复种。2013年在国家现代农业产业技术体系荞麦品种展示试验中平均产量为1 488.1kg/hm²，居参试品种第9；2014年在国家现代农业产业技术体系荞麦品种展示试验中平均产量为955.2kg/hm²，居参试品种最后一位。

【用途】粮用（荞米、荞粉、荞面等）、保健食品等。

隆孜苦荞

A.盛花期植株　B.成熟期植株　C.盛花期主花序

D.成熟期主果枝　E.种子

（图A—E来自西藏山南地区农科所吴银云等）

塘 湾 苦 荞

【品种名称】塘湾苦荞。

【SSR指纹】1110001111 1101100001 1101110110 1110001000 0001011010 0111010100 010（8213174759799344802）。

【品种来源、育种方法】湖南省凤凰县农业局以当地苦荞混杂群体为材料，筛选出优良变异单株，经系统选育而成的苦荞品种。

【形态特征及农艺性状】凤凰县荞麦引种试验表明，塘湾苦荞单株粒数328.3粒，单株粒重6.7g，千粒重20.5g（杨永宏，1994）。2009年宁夏回族自治区彭阳县种子管理站在原州

塘湾苦荞

A.盛花期植株　B.成熟期植株　C.盛花期主花序

D.成熟期主果枝　E.种子

区头营科研基地川旱地引种试验表明，塘湾苦荞一年生，全生育期92d，属晚熟品种。株高81.4cm，株型紧凑，主茎分枝数8.4个，主茎节数17.4节；单株粒重3.8g，千粒重15.0g（王学山、杨存祥，2009）。经贵州师范大学荞麦产业技术研究中心2013年测定，塘湾苦荞花绿色，花柱同短，自花授粉；籽粒长，灰色，有腹沟，千粒重为22.4g，千粒米重为16.8g，果壳率为25.00%。

【抗性特征】耐旱，抗病、抗寒，抗逆性强，落粒轻（杨永宏，1994）。2009年宁夏回族自治区彭阳县种子管理站在原州区头营科研基地川旱地引种试验表明，塘湾苦荞抗旱性强，抗倒伏性强，无病害发生（王学山、杨存祥，2009）。

【籽粒品质】经贵州师范大学荞麦产业技术研究中心测定，塘湾苦荞籽粒的黄酮含量为2.51%。经农业部质量监督检验测试中心测定，塘湾苦荞籽粒的蛋白质含量为12.60%，脂肪含量为2.30%，赖氨酸含量为0.62%，维生素E含量为13.00μg/g、维生素PP含量为l3.60μg/g，总淀粉含量为65.00%（姚自强，2007）。2010年经山西省农业科学院小杂粮研究中心测定，塘湾苦荞每100g干种子的硒含量为16.57μg（李秀莲等，2011a）。

【适应范围与单位面积产量】适合在N25°35′～41°06′，E101°38′～117°36′，海拔57～2 320m荞麦产区种植。湖南凤凰县荞麦引种试验表明，塘湾苦荞结实率高，田间生长整齐，成熟一致，平均产量为1 034.3kg/hm²，居参试苦荞品种第2（杨永宏，1994）。2009年宁夏回族自治区彭阳县种子管理站在原州区头营科研基地川旱地引种试验表明，塘湾苦荞折合平均产量为1 590.0kg/hm²，比对照品种固原苦荞增产82.76%，居参试品种第1（王学山、杨存祥，2009；王收良等，2010）。参加全国第4、第5轮荞麦良种区域试验，塘湾苦荞的平均产量为1 333.5kg/hm²，比全国统一对照品种九江苦荞增产3.00%。

【用途】粮用、保健食品等。

第二节　苦荞地方品种（系）（北方组）

定 98-1

【品种名称】定98-1。

【品种来源、育种方法】甘肃定西苦荞地方品系。

【形态特征及农艺性状】全生育期93.7d，属晚熟品种。株高109.3cm，主茎分枝数5.9个，主茎节数16.0节，单株粒重5.4g，千粒重20.7g（王健胜，2005）。贵州师范大学荞麦产业技术研究中心柏杨基地试验表明，该品种株高82cm，主茎分枝数8个；花绿色，花柱同短，自花授粉；籽粒灰色、有腹沟。

【抗性特征】抗倒伏，无病害发生。

【籽粒品质】经浙江大学农业与生物技术学院测定，定98-1籽粒的芦丁含量为1.27%，清蛋白含量为5.01%，球蛋白含量为1.23%，醇溶蛋白含量为0.47%，谷蛋白含量为2.24%，总蛋白含量为15.54%（文平，2006）。据贵州六盘水师范高等专科学校测定，定98-1籽粒总黄酮含量为25.07mg/g，三叶期总黄酮含量为45.52mg/g，四叶期根总黄酮含量为14.46mg/g、茎总黄酮含量为21.96mg/g、叶总黄酮含量为42.65mg/g，五叶期根总黄酮含量为16.11mg/g、茎总黄酮含量为21.82mg/g、叶总黄酮含量为51.06mg/g，初花期根总黄酮含量为23.15mg/g、茎总黄酮含量为23.92mg/g、叶总黄酮含量为104.19mg/g，盛花期根总黄酮含量为22.77mg/g、茎总黄酮含量为17.23mg/g、花叶总黄酮含量为117.76mg/g（王玉珠等，2007）。经贵州师范大学荞麦产业技术研究中心测定，定98-1籽粒硒元素含量为1.08×10^{-3}mg/kg（黄小燕等，2010）。

【用途】粮用（荞米、荞粉、荞面等）、苦荞酒、保健食品等。

定98-1

A.盛花期植株　B.成熟期植株　C.盛花期主花序　D.成熟期主果枝　E.种子

定 99-3

【品种名称】定99-3。

【品种来源、育种方法】甘肃定西苦荞地方品系。

【形态特征及农艺性状】一年生，全生育期89d，属中熟品种。株高84.3cm，株型松散，叶色深绿，主茎节数9.4节，一级分枝数4.4个；花绿色，花柱同短，自花授粉；籽粒黑色，有腹沟，单株粒重0.5g，千粒重18.1g。重庆低海拔地区引种试验表明，定99-3全生育期71d，属早熟品种。株高101.3cm，主茎节数15节，一级分枝数6个；籽粒黄褐色，千粒重16.5g（黄元射等，2008）。贵州师范大学荞麦产业技术研究中心柏杨基地试验表明，定99-3株高86cm，主茎分枝数7个，籽粒黑色。

【抗性特征】抗旱性好，抗倒伏性中等，落粒性轻，轻感霜霉病，重感白粉病。

【籽粒品质】贵州师范大学荞麦产业技术研究中心测定，定99-3籽粒硒元素含量为1.09×10^{-3}mg/kg（黄小燕等，2010）。

【适应范围与单位面积产量】重庆低海拔地区引种试验表明，定99-3折合平均产量为647.3kg，居参试品种第12（黄元射等，2008）。2009年在甘肃省陇东片苦荞品种区试平凉试点的8个参试品种（系）中，定99-3折合平均产量为1 670.0kg/hm²，较对照品种九江苦荞增产21.00%，居参试品种第1。

【用途】粮用（荞米、荞粉、荞面等）、苦荞酒、保健食品等。

定 99-3

A.盛花期植株 B.成熟期植株 C.盛花期主花序
D.成熟期主果枝 E.种子

kp005

【品种名称】kp005。

【品种来源、育种方法】陕西苦荞地方品种。

【形态特征及农艺性状】贵州师范大学荞麦产业技术研究中心柏杨基地试验表明，kp005一年生，株高115cm，主茎分枝数8个；花绿色，花柱同短，自花授粉；籽粒褐色或黑色，有腹沟。

【抗性特征】抗倒伏性中等，无病害发生。

【籽粒品质】贵州师范大学荞麦产业技术研究中心测定，该品种籽粒硒元素含量为8.92×10^{-4}mg/kg（黄小燕等，2010）。

【用途】粮用（荞米、荞粉、荞面等）、苦荞酒、保健食品等。

kp005

A.盛花期植株　B.成熟期植株　C.盛花期主花序
D.成熟期主果枝　E.种子

榆 林 苦 荞

【品种名称】榆林苦荞。

【品种来源、育种方法】陕西榆林苦荞地方品种。

【形态特征及农艺性状】一年生，全生育期95d，属晚熟品种。株高135cm，株型紧凑，叶色和茎色深绿，主茎节数14节，一级分枝数3.5个；花绿色，花柱同短，自花授粉；籽粒长锥形、灰色，有腹沟，单株粒重2.7g，千粒重30.0g。赵钢等（2002a）栽培试验表明，榆林苦荞全生育期80d，属中熟品种。株高117.4cm，主茎节数17.7节，一级分枝数3.9个，单株粒重2.2g，千粒重20.1g，结实率18.90%。贵州师范大学荞麦产业技术研究中心柏杨基地试验表明，榆林苦荞株高115cm，主茎分枝数6个，籽粒褐色。

榆林苦荞
A.盛花期植株　B.成熟期植株　C.盛花期主花序
D.成熟期主果枝　E.种子

【抗性特征】抗倒伏性中等，无病害发生。

【籽粒品质】贵州师范大学荞麦产业技术研究中心2013年测定，该品种籽粒硒元素含量为1.07×10^{-3}mg/kg。西南大学食品科学学院测定，榆林苦荞儿茶素含量为3.83mg/g，芦丁含量为0.36mg/g，槲皮素含量为17.30mg/g，总黄酮含量为21.49mg/g（谭玉荣等，2012）。徐笑宇等（2015）测定，榆林苦荞籽粒黄酮含量为12.15mg/g。

【用途】粮用（荞米、荞粉、荞面等）、苦荞酒、保健食品等。

敖 汉 苦 荞

【品种名称】敖汉苦荞。

【SSR指纹】1110000011 1001100101 1101110000 1110001000 0000101101 0001010100 010 (81028717017760877218)。

【品种来源、育种方法】内蒙古赤峰市农家苦荞品种。

【形态特征及农艺性状】2011年内蒙古民族大学农学院和内蒙古赤峰市农牧科学研究院资源与环境研究所引种试验表明,敖汉苦荞一年生,全生育期81d,属中熟品种。株高154.6cm,主茎节数22节,主茎分枝数6个;花绿色,花柱同短,自花授粉;籽粒灰黑色、长锥形,有腹沟,单株粒数321粒,单株粒重6.8g,千粒重21.2g,籽粒杂粒率23.00%(唐超等,2014)。经贵州师范大学荞麦产业技术研究中心2013年测定,敖汉苦荞千粒重为22.7g,千粒米重为16.8g,果壳率为25.99%。

【抗性特征】2011年内蒙古民族大学农学院和内蒙古赤峰市农牧科学研究院资源与环境研究所引种试验表明,敖汉苦荞倒伏面积80.00%,属严重倒伏;未发生立枯病、蚜虫(唐超等,2014)。

【适应范围与单位面积产量】适合在内蒙古苦荞产区及类似生态区种植。2011年内蒙古民族大学农学院和内蒙古赤峰市农牧科学研究院资源与环境研究所引种试验表明,敖汉苦荞折合平均产量为2 781.8kg/hm²,居参试品种第5(唐超等,2014)。

【用途】粮用、保健食品、芽苗菜等。

敖汉苦荞

A.盛花期植株　B.成熟期植株　C.盛花期主花序
D.成熟期主果枝　E.种子

大安本地荞

【品种名称】大安本地荞。

【SSR指纹】1110001100 0101101101 1101110001 0110001000 0011011010 0111010100 010 （8181755068280426146）。

【品种来源、育种方法】吉林大安苦荞地方品种。

【形态特征及农艺性状】2012年内蒙古赤峰市农牧科学研究院梁上试验地引种鉴定，大安本地荞一年生，开花期48d左右，成熟期70d左右，全生育期99d左右，属中晚熟品种。株高139.9cm，主茎分枝数6个左右，主茎节数18节左右；花绿色，花柱同短，自花授粉；籽粒深灰色、短锥形，有腹沟，单株粒数270粒左右，单株粒重2.7g，千粒重20.3g（刘迎春等，2013b）。经贵州师范大学荞麦产业技术研究中心2013年测定，大安本地荞千粒重为24.3g，千粒米重为18.2g，果壳率为25.10%。青海省引种试验表明，大安本地荞全生育期127d，属极晚熟品种。主茎分枝数（4.77±0.46）个，株高（193.13±15.54）cm；单株粒重（3.97±0.56）g，单株粒数（204.74±25.85）粒，千粒重（19.37±0.63）g（闫忠心，2014）。西藏引种试验表明，大安本地荞全生育期95d，属晚熟品种。株高155.3cm，主茎分枝数2.4个，主茎节数12.4个；籽粒褐色，楔形，单株粒重6.8g，千粒重18.0g（边巴卓玛，2014）。

【抗性特征】抗倒伏，无病害发生。

【适应范围与单位面积产量】2012年内蒙古赤峰市农牧科学研究院引种鉴定，大安本地荞折合平均产量为933.8kg/hm²，居参试品种第8，比对照品种CK-10-2减产61.49%（刘迎春等，2013b）。2012—2013年参加全国荞麦品种展示试验，2年平均产量为1 910.4kg/hm²，比参试苦荞平均产量减产6.37%。该品种较适合

大安本地荞
A.盛花期植株　B.成熟期植株　C.盛花期主花序
D.成熟期主果枝　E.种子

种植的省份为青海（4 014.9kg/hm²）、甘肃（2 432.8kg/hm²）、宁夏（2 223.9kg/hm²）、贵州（2 089.6kg/hm²）、西藏（2 074.6kg/hm²）。

【用途】粮用、苦荞酒、保健食品等。

蔚 县 苦 荞

【品种名称】蔚县苦荞

【品种来源及育种方法】河北农林科学院张家口分院杨才、李天亮等于2002年从农家品种培育而成。

【形态特征及农艺性状】全生育期96d，属中晚熟品种。株型紧凑，株高164cm，主茎绿色，2～3个分枝，主茎基部空心坚实；花序紧密，花绿色；不易落粒，结实率约19.9%，平均单株粒数约213粒，单株粒重6.3g，千粒重27.5g；籽粒黑色，光滑，无沟槽、无刺和无翅。

蔚县苦荞

A.盛花期植株　B.成熟期植株　C.盛花期主花序　D.成熟期主果枝　E.种子

（图A—E来自河北农林科学院张家口分院杨才和李天亮）

【抗性特征】较抗病虫害，抗旱性和抗倒伏性强。

【籽粒品质】蔚县苦荞籽料蛋白质含量为15.80%，黄酮含量为0.17%，可溶性蛋白为42.23mg/g，总淀粉含量为61.40%，水溶性膳食纤维含量为13.34%，非水溶性膳食纤维含量为6.22%。

【适应范围及单位面积产量】适合河北坝上及高海拔地区种植，各地种植单产不一，每公顷产量为1 650～1 950kg。

【用途】粮用（荞米、荞粉、荞面等）、保健食品。

张 北 苦 荞

【品种名称】张北苦荞。

【品种来源及育种方法】河北农林科学院张家口分院杨才、李天亮等于2002年从农家品种培育而成。

张北苦荞

A.盛花期植株　B.成熟期植株　C.盛花期主花序　D.成熟期主果枝　E.种子

（图A—E来自河北农林科学院张家口分院杨才和李天亮）

【**形态特征及农艺性状**】生育期90d左右。株型半紧凑，株高159cm，主茎绿色，3～6个分枝，主茎基部空心坚实；花序紧密，花绿色；较易落粒，结实率约为20.4%，平均单株粒数约为344粒，单株粒重约6.5g，千粒重18.8g；籽粒灰色，光滑，无沟槽、无刺和无翅。

【**抗性特征**】抗病虫害，抗旱性和抗倒伏性极强。

【**籽粒品质**】张北苦荞籽粒蛋白质含量为14.80%，黄酮含量为0.17%，可溶性蛋白含量为39.4mg/g，总淀粉含量为59.80%，水溶性膳食纤维含量为15.32%，非水溶性膳食纤维含量为6.92%。

【**适用范围及单位面积产量**】适合河北坝上及高海拔地区种植。各地种植单产不一，每公顷产量1 500～1 800kg。

【**用途**】粮用（荞米、荞粉、荞面等）。

第六章　苦荞特异种质

1503米-4

1503米-4

A.盛花期植株　B.成熟期植株　C.盛花期主花序
D.成熟期主果枝　E.种子

【品种名称】1503米-4。

【品种来源、育种方法】贵州师范大学荞麦产业技术研究中心陈庆富等以小米荞为母本，晋荞麦（苦）2号为父本，用杂交育种方法选育而成。

【形态特征及农艺性状】贵州师范大学荞麦产业技术研究中心百宜基地试验表明，该品系早熟，一年生，红秆，秆高中等，主茎5~7分枝；花绿色，花柱同短，自花授粉；籽粒属小米类型，长黄粒或黑色，无腹沟，壳薄，易脱壳成生苦荞米，千粒重11.4g。

【抗性特征】抗倒伏，无病害发生。

【适应范围与单位面积产量】贵州师范大学荞麦产业技术研究中心百宜基地试验表明，该品系平均产量为1 708.4kg/hm²。

【用途】粮用（荞米、荞粉、荞面等）、苦荞酒、保健食品等。

1503米-10

【品种名称】1503米-10。

【品种来源、育种方法】贵州师范大学荞麦产业技术研究中心陈庆富等通过杂交育种方法选育而成的米荞品系，其母本为小米荞，父本为晋荞麦（苦）2号。

【形态特征及农艺性状】贵州师范大学荞麦产业技术研究中心百宜基地试验表明，该品系早熟，一年生，高秆，主茎5～7分枝；花绿色，花柱同短，自花授粉，结实性好；小米类型，无腹沟，短灰粒，千粒重13.9g，薄壳，易脱壳成生苦荞米。

【抗性特征】抗倒伏，无病害发生。

【适应范围与单位面积产量】贵州师范大学荞麦产业技术研究中心百宜基地试验表明，该品系平均产量为1 816.4kg/hm^2。

【用途】粮用（荞米、荞粉、荞面等）、苦荞酒、保健食品等。

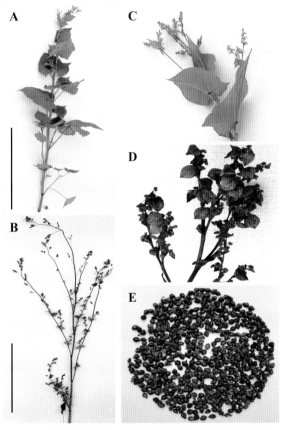

1503米-10

A.盛花期植株　B.成熟期植株　C.盛花期主花序
D.成熟期主果枝　E.种子

1503米-11

【品种名称】1503米-11。

【品种来源、育种方法】贵州师范大学荞麦产业技术研究中心陈庆富等通过杂交育种方法选育而成的米荞品系，其母本为小米荞，父本为晋荞麦（苦）2号。

【形态特征及农艺性状】贵州师范大学荞麦产业技术研究中心百宜基地试验表明，该品系早熟，一年生，秆高中等，主茎3～5分枝；花绿色，花柱同短，自花授粉，结实好；籽短灰粒或短黑粒，小米类型，无腹沟，壳薄，易脱壳成生苦荞米，千粒重13.7g。

【抗性特征】抗倒伏，无病害发生。

【适应范围与单位面积产量】贵州师范大学荞麦产业技术研究中心百宜基地试验表明，该品系平均产量为1 352.5kg/hm²。

【用途】粮用（荞米、荞粉、荞面等）、苦荞酒、保健食品等。

1503米-11

A.盛花期植株　B.成熟期植株

C.盛花期主花序　D.成熟期主果枝

E.种子

1503米-13

【**品种名称**】1503米-13。

【**品种来源、育种方法**】贵州师范大学荞麦产业技术研究中心陈庆富等通过杂交育种方法选育而成的米荞品系，其母本为小米荞，父本为晋荞麦（苦）2号。

【**形态特征及农艺性状**】贵州师范大学荞麦产业技术研究中心百宜基地试验表明，该品系早熟，一年生，高秆，主茎5～9分枝；花绿色，花柱同短，自花授粉，结实好；小米类型，短灰粒，无腹沟，壳薄，易脱壳成生苦荞米，千粒重14.2g。

【**抗性特征**】抗倒伏，无病害发生。

【**适应范围与单位面积产量**】贵州师范大学荞麦产业技术研究中心百宜基地试验表明，该品系平均产量为1 617.0kg/hm²。

【**用途**】粮用（荞米、荞粉、荞面等）、苦荞酒、保健食品等。

1503米-13
A.盛花期植株　B.成熟期植株
C.盛花期主花序　D.成熟期主果枝
E.种子

1503米-16

【品种名称】1503米-16。

【品种来源、育种方法】贵州师范大学荞麦产业技术研究中心陈庆富等通过杂交育种方法选育而成的米荞品系，其母本为小米荞，父本为晋荞麦（苦）2号。

【形态特征及农艺性状】贵州师范大学荞麦产业技术研究中心百宜基地试验表明，该品系早熟，一年生，秆高中等，主茎4～6分枝；花绿色，花柱同短，自花授粉，结实好；小米类型，短黑粒或灰粒，无腹沟，壳薄，易脱壳成生苦荞米，千粒重14.1g。

【抗性特征】抗倒伏，无病害发生。

【适应范围与单位面积产量】贵州师范大学荞麦产业技术研究中心百宜基地试验表明，该品系平均产量为1 469.6kg/hm²。

【用途】粮用（荞米、荞粉、荞面等）、苦荞酒、保健食品等。

1503米-16

A.盛花期植株　B.成熟期植株
C.盛花期主花序　D.成熟期主果枝
E.种子

1503米-28

【品种名称】1503米-28。

【品种来源、育种方法】贵州师范大学荞麦产业技术研究中心陈庆富等通过杂交育种方法选育而成的米荞品系,其母本为小米荞,父本为晋荞麦(苦)2号。

【形态特征及农艺性状】贵州师范大学荞麦产业技术研究中心百宜基地试验表明,该品系早熟,一年生,秆高中等,主茎4~7分枝;花绿色,花柱同短,自花授粉,结实好;小米类型,长灰粒,无腹沟,壳薄,易脱壳成生苦荞米,千粒重13.3g。

【抗性特征】抗倒伏,无病害发生。

【适应范围与单位面积产量】贵州师范大学荞麦产业技术研究中心百宜基地试验表明,该品系平均产量为1 445.4kg/hm^2。

【用途】粮用(荞米、荞粉、荞面等)、苦荞酒、保健食品等。

1503米-28
A.盛花期植株 B.成熟期植株
C.盛花期主花序 D.成熟期主果枝
E.种子

1503米-54

【品种名称】1503米-54。

【品种来源、育种方法】贵州师范大学荞麦产业技术研究中心陈庆富等通过杂交育种方法选育而成的米荞品系，其母本为小米荞，父本为晋荞麦（苦）2号。

【形态特征及农艺性状】贵州师范大学荞麦产业技术研究中心百宜基地试验表明，该品系中熟，一年生，高秆，主茎5～7分枝；花绿色，花柱同短，自花授粉，结实好；小米类型，无腹沟，短黑粒或短灰粒，壳薄，易脱壳成生苦荞米，千粒重12.1g。

【抗性特征】抗倒伏，无病害发生。

【适应范围与单位面积产量】贵州师范大学荞麦产业技术研究中心百宜基地试验表明，该品系平均产量为1 332.5kg/hm^2。

【用途】粮用（荞米、荞粉、荞面等）、苦荞酒、保健食品等。

1503米-54

A.盛花期植株　B.成熟期植株
C.盛花期主花序　D.成熟期主果枝
E.种子

1503米-55

【品种名称】1503米-55。

【品种来源、育种方法】贵州师范大学荞麦产业技术研究中心陈庆富等通过杂交育种方法选育而成的米荞品系，其母本为小米荞，父本为晋荞麦（苦）2号。

【形态特征及农艺性状】贵州师范大学荞麦产业技术研究中心百宜基地试验表明，该品系中熟，一年生，高秆，主茎5～9分枝、红色；花绿色，花柱同短，自花授粉；小米类型，短灰粒或黑粒，无腹沟，壳薄，易脱壳成生苦荞米，千粒重12.5g。

【抗性特征】抗倒伏，无病害发生。

【适应范围与单位面积产量】贵州师范大学荞麦产业技术研究中心百宜基地试验表明，该品系平均产量为1 393.4kg/hm²。

【用途】粮用（荞米、荞粉、荞面等）、苦荞酒、保健食品等。

1503米-55
A.盛花期植株　B.成熟期植株
C.盛花期主花序　D.成熟期主果枝
E.种子

1503米-104

【品种名称】1503米-104。

【品种来源、育种方法】贵州师范大学荞麦产业技术研究中心陈庆富等通过杂交育种方法选育而成的米荞品系，其母本为小米荞，父本为晋荞麦（苦）2号。

【形态特征及农艺性状】贵州师范大学荞麦产业技术研究中心百宜基地试验表明，该品系早熟，一年生，秆高中等，主茎5～9分枝；花绿色，花柱同短，自花授粉；小米类型，短黑粒或灰粒，无腹沟，壳薄，易脱壳成生苦荞米，千粒重12.9g。

【抗性特征】抗倒伏，无病害发生。

【适应范围与单位面积产量】贵州师范大学荞麦产业技术研究中心百宜基地试验表明，该品系平均产量为1 637.3kg/hm²。

【用途】粮用（荞米、荞粉、荞面等）、苦荞酒、保健食品等。

1503米-104

A.盛花期植株　B.成熟期植株

C.盛花期主花序　D.成熟期主果枝

E.种子

1503米-141

【品种名称】1503米-141。

【品种来源、育种方法】贵州师范大学荞麦产业技术研究中心陈庆富等通过杂交育种方法选育而成的米荞品系,其母本为小米荞,父本为晋荞麦(苦)2号。

【形态特征及农艺性状】贵州师范大学荞麦产业技术研究中心百宜基地试验表明,该品系早熟,一年生,秆高中等,主茎7~9分枝;花绿色,花柱同短,自花授粉;米荞型,灰粒,无腹沟,壳薄,易脱壳成生苦荞米,千粒重14.0g。

【抗性特征】抗倒伏,无病害发生。

【适应范围与单位面积产量】贵州师范大学荞麦产业技术研究中心百宜基地试验表明,该品系平均产量为1 560.6kg/hm²。

【用途】粮用(荞米、荞粉、荞面等)、苦荞酒、保健食品等。

1503米-141
A.盛花期植株 B.成熟期植株
C.盛花期主花序 D.成熟期主果枝
E.种子

1503米-144

【**品种名称**】1503米-144（红叶米苦荞品系）。

【**品种来源、育种方法**】贵州师范大学荞麦产业技术研究中心陈庆富等通过杂交育种方法选育而成的米荞品系，其母本为小米荞，父本为晋荞麦（苦）2号。

【**形态特征及农艺性状**】一年生，全生育期70～85d，属中熟品种。株高110cm，主茎分枝数4～7个，主茎节数8～12节，成熟期叶和秆红色；花绿色，花柱同短，自花授粉；对光温不敏感，春播和秋播结实良好，单株粒数143个，单株粒重4.2g，千粒重12.0g。小米荞型，籽粒短，黑色或黄色，无腹沟，壳薄，易脱壳成生苦荞米。

【**抗性特征**】抗病性强，较抗倒伏，抗虫性较强。

【**用途**】粮用等。

1503米-144

A.成熟期植株　B.盛花期主花序　C.成熟期主果枝　D.种子

红花紫斑野苦荞品系1408-1605

【品种名称】红花紫斑野苦荞品系1408-1605。

【品种来源、育种方法】贵州师范大学荞麦产业技术研究中心陈庆富于四川九寨沟县收集的野苦荞。

【形态特征及农艺性状】一年生,全生育期80～90d,属中熟品种。株高75cm,主茎分枝数5～7个,茎秆匍匐生长,株型不紧凑,主茎节数9～12节,叶片基部有大紫斑;花蕾红色,花较小,开放后上部白色,花柱同短,自花授粉;籽粒黑色或灰色,表面粗糙,比栽培苦荞籽粒小,落粒,单株粒数89个,单株粒重3.2g,千粒重16.5g。

【抗性特征】抗病性强,抗倒伏,抗虫性较强。

【用途】荞麦性状研究。

红花紫斑野苦荞品系1408-1605

A.成熟期植株　B.盛花期植株　C.盛花期主花序

黑米苦荞品系贵黑米1512-12

【品种名称】黑米苦荞品系贵黑米1512-12。

【品种来源、育种方法】贵州师范大学荞麦产业技术研究中心陈庆富等通过杂交育种方法选育而成，杂交母本为翅米荞1号，父本为晋荞麦（苦）2号。

【形态特征及农艺性状】该品系较早熟，全生育期70～86d。株高85cm，主茎分枝4～7个，主茎节数8～12节，叶绿色，秆暗红色；花绿色，对光温不敏感，春播和秋播结实良好；籽粒短，果壳深黑色，壳薄、开裂，易脱壳成生苦荞米；单株粒数153粒，单株粒重4.8g，千粒重16.0g。

【抗性特征】抗病性强，较抗倒伏，抗虫性较强。

【用途】粮用。

黑米苦荞品系贵黑米1512-12

A.成熟期植株　B.成熟期主果枝　C.种子

黑米苦荞品系贵黑米1512-32

【**品种名称**】黑米苦荞品系贵黑米1512-32。

【**品种来源、育种方法**】贵州师范大学荞麦产业技术研究中心陈庆富通过杂交育种方法选育而成，杂交母本为翅米荞1号，父本为晋荞麦（苦）2号。

【**形态特征及农艺性状**】该品系较早熟，全生育期80～89d。株高95cm，主茎分枝4～7个，主茎节数8～12节，叶幼嫩期为绿色、成熟期紫色，秆暗红色；花绿色，对光温不敏感，春播和秋播结实良好；籽粒短，果壳深黑色，壳薄、开裂，易脱壳成生苦荞米；单株粒数138个，单株粒重4.5g，千粒重21.0g。

【**抗性特征**】抗病性强，较抗倒伏，抗虫性较强。

【**用途**】粮用。

黑米苦荞品系贵黑米1512-32
A.成熟期植株　B.成熟期主果枝　C.种子

第三部分　特异种质

DISANBUFEN TEYIZHONGZHI

多年生苦荞品系贵多苦001号

【品种名称】 多年生苦荞品系贵多苦001号。

【品种来源、育种方法】 贵州师范大学荞麦产业技术研究中心陈庆富将四倍体苦荞（*Fagopyrum tataricum* Gaetn.）大苦1号与多年生荞麦红心金荞麦（*F. cymosum* complex）进行种间杂交，从其杂交后代，选育不落粒多年生结实良好的植株，经种子扩繁形成的自交可育多年生苦荞品系。由于本品系是种间杂种，而且不同于目前所有已知荞麦种类，这里暂定为一个新种——多年生苦荞，即*Fagopyrum tatari-cymosum* QF Chen N. SP。该种类与苏联的人工异源四倍体种类巨荞 *F. giganteum* Krotov有部分类似，但其主要差异特征为植株高大，基部木质化程度高，根茎多年生，种子饱满、表面腹沟不明显，花型为自交可育的短花柱短雄蕊型（类似于苦荞），花朵较小，白色。有时部分植株的花朵雌蕊长于雄蕊，但均自交可育。

【形态特征及农艺性状】 一年生，全生育期80～100d，属中晚熟品种。根茎木质化，多年生，再生力强，南方可越冬；株高145cm，主茎红色、直立，分枝数5～7个，主茎节数9～12节；花白色，花朵大于苦荞，但小于红心金荞麦和甜荞，花柱高于雄蕊，子房上位，自交可育；籽粒黑色，腹沟不明显，籽粒比苦荞和红心金荞麦都大，籽粒苦味明显，不落粒，单株粒数235个，单株粒重15.2g，千粒重春季35.3g、秋季42.0g；一次播种，多次收获，通常一年可收获两季，第一季收获后，需割刈，适当中耕施肥，再生后可自行生产第2季。

【抗性特征】 抗病性强，抗倒伏，抗虫性较强。

【用途】 粮用、保健食品等。

多年生苦荞品系贵多苦001号

A.盛花期植株　B.盛花期主花序　C.成熟期主果枝

D.种子

贵花多苦001号

【品种名称】贵花多苦001号。

【品种来源、育种方法】贵州师范大学荞麦产业技术研究中心陈庆富将四倍体苦荞（*Fagopyrum tataricum* Gaetn.）大苦1号与多年生荞麦红心金荞麦（*F. cymosum* complex）进行种间杂交，从其杂交后代中，选育繁盛、再生力强、雄性不育的多年生植株，经枝条扦插扩繁后形成的新品系（*Fagopyrum tatari-cymosum* QF Chen）。

【形态特征及农艺性状】多年生，无霜期内均可生长，地上部分在冬季或霜季会枯死，其多年生根茎在黄河以南、最低温度-10℃以上地区一般可越冬，环境条件适宜时地下根茎发芽长出。株型较紧凑，红秆，直立，株高100～130cm，主茎分枝4～6个，叶深绿。花序花朵不开放，花被片白色、落花，花期长，自然条件下一般不结实，可用枝条扦插进行无性繁殖，开花期采摘花序后，可割刈自行再生。在贵阳等南方地区一年可割刈2次以上，开花3次以上。

【抗性特征】抗旱，耐瘠薄，抗病性、抗虫性强，抗倒伏。

【适应范围与单位面积产量】一般荞麦生长季节均可栽培，无种子产量。

【用途】花茶专用。适合做生产叶茶和花茶的原料，特适于采收花序制作花茶。

贵花多苦001号

A.盛花期植株 B.盛花期主花序 C.采摘的花序

贵红心金荞麦001号

【品种名称】 贵红心金荞麦001号。

【品种来源、育种方法】 贵州师范大学荞麦产业技术研究中心陈庆富等从200多个地点所收集的荞麦属金荞麦复合体（*Fagopyrum cymosum* complex）群体上千个植株中，通过品质等参数分析筛选出叶和花黄酮含量较高（＞8%）、较不落粒、结实率较高的单株，经枝条扦插和种子繁殖等方法繁育而成的适合叶茶生产的新品种。

贵红心金荞麦001号

A.盛花期植株　B.种子出苗　C.盛花期主花序
D.茎或枝条红色切面　E.种子

【形态特征及农艺性状】 多年生，无霜期内均可生长，地上部分在冬季或霜季会枯亡，其多年生根茎在黄河以南、最低温度−15℃以上一般可越冬，环境条件适宜时地下根茎发芽长出。种子播种发芽时胚轴和子叶柄同时生长而出苗，形成Y形苗。实生苗株高100～170cm，茎早期为绿色，中后期茎秆深红色，而且常常其茎秆中央实心部分也呈红色（故又简称红心金荞麦），叶色绿，比一般大野荞小，基部红色紫斑显著，叶柄上有绒毛。主茎5～9分枝，分枝较长，株型紧凑、直立。叶、茎、花等特征类似于毛野荞（*F. pilus* QF Chen）。春末夏初、秋季均可开花，白花较小，花柱异长、自交不亲和，自然条件下需要虫媒传粉才能结实。对光温敏感，春夏季开花一般不结实，秋季开花，可正常结实。落花，但落果性较轻，可以收获到种子。种子较小粒，无腹沟，表面光滑，千粒重一般20～25g。多年生根茎再生力极强，可多次割刈，多次再生。枝条扦插生根成活率高，可以采用枝条扦插和种子繁殖方式进行繁殖。

【抗性特征】抗旱，耐瘠薄，抗病性、抗虫性、抗倒伏性强。

【品质】叶黄酮含量春季为8.8%，γ-氨基丁酸（GABA）含量为0.12%。

【适应范围与单位面积产量】无霜环境下均可栽培。秋季种子成熟后收获，平均产量可达105kg/hm²。

【用途】荞麦叶茶专用。

贵矮金荞001号

【品种名称】贵矮金荞001号。

【品种来源、育种方法】贵州师范大学荞麦产业技术研究中心陈庆富以贵阳野生居群大野荞（*Fagopyrum megaspartanium* QF Chen）种子为材料，通过γ-辐射诱变处理，从其后代发现一植株上同时有正常枝条和节间缩短的枝条，将节间缩短的枝条，经扦插扩繁而形成的矮秆变异品系。

【形态特征及农艺性状】多年生，无霜期内均可生长，地上部分在冬季或霜季会枯亡，其多年生根茎在黄河以南、最低温度−15℃以上地区一般可越冬，环境适宜时地下根茎和主茎基部发芽长出。株型紧凑，株高50～100cm，茎节间和分枝极短，叶厚、深绿、密集；花枝、花序长，辐射状。一般8月份进入开花期，一直至霜期来临，花期可长达4个月，白花较大、轻度落花，秋季可结实、轻度落粒。生活力极强，枝条极易扦插存活。

【抗性特征】抗旱，耐瘠薄，抗病性、抗虫性强，抗倒伏。

【品质】叶黄酮含量>8%。

【适应范围与单位面积产量】无霜环境下均可栽培。秋季有少量的种子产量。

【用途】叶作叶茶原料，植株及花序可用于观赏，适合成片栽培，或做成矮篱笆墙、盆景等，非常壮观。

贵矮金荞001号

贵金荞麦001号

【品种名称】贵金荞麦001号。

【品种来源、育种方法】贵州师范大学荞麦产业技术研究中心陈庆富等从200多个地点所有收集的野生大野荞（*Fagopyrum megaspartanium* QF Chen）群体上千个植株中，通过品质分析筛选出叶和花黄酮含量最高（叶黄酮含量为10.2%）的单株，通过枝条扦插等方法繁育而成的适合叶茶生产的新品系。

【形态特征及农艺性状】多年生，无霜期内均能生长，地上部分在冬季或霜季会枯

贵金荞麦001号

A.V形苗　B.盛花期植株　C.大田植株　D.盛花期主花序　E.种子

亡，其多年生根茎在黄河以南、最低温度−15℃以上地区一般可越冬；环境条件适宜时地下根茎发芽长出。种子播种发芽时胚轴和子叶柄同时生长而出苗，形成Y形苗。实生苗株高100～200cm，茎早期为绿色，中后期茎秆绿色或暗红色（特别是阳光照射到的茎秆），有白色粉状蜡质，叶绿、基部红色紫斑显著，叶柄光滑无毛。主茎5～9分枝，分枝长，株型不紧凑，枝条横切面实心区为白色。春末夏初、秋季均可开花，白花较大，花柱异长、自交不亲和，自然条件下需要虫媒传粉才能结实；对光温敏感，春夏季开花一般不结实，秋季开花可正常结实；强烈落花落果，难以收获到种子。种子大粒、无腹沟，千粒重35～40g。多年生根茎再生力极强，可多次割刈，多次再生。

【抗性特征】抗旱，耐瘠薄，抗病性、抗虫性强。

【品质】叶黄酮含量春季为10.2%，γ-氨基丁酸（GABA）含量为0.15%。

【适应范围与单位面积产量】无霜环境下均可栽培。由于落粒重，基本无种子产量，因此需以枝条扦插进行无性繁殖。

【用途】荞麦叶茶专用，以采摘叶为目标。

黔金荞麦1号

【品种名称】黔金荞麦1号，区试名称为黔金荞麦。

【品种来源、育种方法】贵州省畜牧兽医研究所用贵州省野生金荞麦为亲本，采用系统选择（单株混合选择法）定向培育而成的牧草品种。2012年通过贵州省农作物品种审定委员会审定，品种审定证书编号：黔审荞2012001号。

【形态特征及农艺性状】品种审定资料表明，黔金荞麦1号为多年生草本植物，全年生育期180～200d。株高100～150cm，直根系、块状根茎，根颈丛生。直立茎，茎粗0.5～0.8cm，中空、无毛，主茎节数8～10节，主茎分枝数16～23个。枝条长，株型松散、不紧凑；单叶互生，叶片三角形，长与宽近似相等为6～11cm，叶鞘膜质。圆锥花序

黔金荞麦1号

A. 盛花期植株　B. 盛花期主花序

（图片来自贵州省畜牧兽医研究所邓蓉）

顶生或腋生，花被白色、5裂；雄蕊8枚，花柱3裂、异长，自交不亲和，虫媒传粉。瘦果三棱形，长5mm，无沟槽，落粒性强，千粒重45～51g。生长速度快，再生能力强。

【抗性特征】抗旱性强，抗病性强，土壤适应范围广。

【品质】经贵州省畜禽产品理化检测分析实验室检测，分枝期粗蛋白质含量为22.72%，粗纤维含量为13.5%，粗脂肪含量为2.86%，钙含量为1.05%，磷含量为0.39%，灰分含量为10.42%（向清华等，2015a）。

【适应范围与单位面积产量】适合贵州省海拔800～1 500m地区种植。2009年贵州省区域试验平均干草产量为14 962.0kg/hm²，比原始群体增产10.76%，比对照品种开阳金荞麦增产13.12%；2010年贵州省区域试验平均干草产量为15 470.0kg/hm²，比原始群体增产10.18%，比对照开阳金荞麦增产13.12%。2011年贵州省生产试验平均干草产量为14 368.0kg/hm²，比对照开阳金荞麦增产11.07%（邓蓉等，2014）。2010—2011年在贵阳市花溪区、息烽县及毕节市七星关区进行生产试验，其中，在花溪试验点，两年平均干草产量为15 262.0kg/hm²，种子产量为352.5kg/hm²，分别比对照品种开阳金荞麦增产11.11%、9.35%；在息烽试验点，两年平均干草产量为14 951.0kg/hm²，种子产量分别为345.0kg/hm²，分别比对照品种开阳金荞麦增产11.56%、9.31%；在七星关区试验点，两年平均干草产量为12 150.0kg/hm²，种子产量分别为307.5kg/hm²，分别比对照品种开阳金荞麦增产11.08%、8.06%（向清华等，2015b）。

【用途】饲用。

巨　荞

【品种名称】巨荞。

【品种来源、育种方法】苏联荞麦育种家Krotov将四倍体苦荞与金荞麦进行种间杂交所育成的新种类，*Fagopyrum giganteum* Krotov。

【形态特征及农艺性状】一年生，全生育期80～100d。植株健壮，旺盛，株高70～100cm，主茎直立，分枝5～7个，主茎节数9～12节，茎秆弱、不坚实，再生力不强；花白色，有短花柱短雄蕊、长花柱短雄蕊等花型，自交可育，花朵比苦荞大，但比甜荞小，在低温条件下，花朵有时会变成绿色或浅绿色；籽粒灰色，棱延长成刺、较长，边缘粗糙，有细腹沟，饱满度较低，米粒较小，果壳率高，有苦味；不落粒，单株粒数98个，单株粒重3.5g，千粒重23.5g。

【抗性特征】抗病性强，抗倒伏，抗虫性较强。

【用途】科研材料，特别是作为荞麦种间杂交的中间材料。由于本材料是两个荞麦种之间的远缘杂种，用它作母本，与甜荞、苦荞、大野荞、毛野荞等种类杂交，有一定的可杂交性，杂交种子具有生活力，并较容易获得杂种植株，但杂种植株多表现高度不育。

巨 荞

A.植株　B.盛花期主花序　C.成熟期主果枝　D.种子

多年生苦荞品系贵多苦1512-6

【品种名称】多年生苦荞品系贵多苦1512-6。

【品种来源、育种方法】贵州师范大学荞麦产业技术研究中心陈庆富将四倍体苦荞（*Fagopyrum tataricum* Gaetn.）与多年生荞麦红心金荞麦（*F. cymosum* complex）进行种间杂交，从其杂交后代，逐代选择不落粒、多年生、结实良好的植株。到F_6代，选产量和株型优良的株系，经种子扩繁育成的自交可育多年生苦荞品系（*Fagopyrum tatari-cymosum* QF Chen N.SP）。

【形态特征及农艺性状】全生育期80～100d。根茎木质，多年生，再生力强；春季或实生苗株高100～165cm，秋季再生苗株高80～100cm；主茎分枝5～7个，主茎节数9～12节；花白色，花朵大于苦荞，但小于甜荞，短花柱短雄蕊型自交可育；籽粒黑色短圆，沟槽不明显，果壳粗糙，籽粒比苦荞和红心金荞麦都大，籽粒苦味明显，落粒性不强，单株粒数255个，单株粒重18.2g，千粒重34.6g，公顷产量1 800～3 000kg。一次播种一年

多年生苦荞品系贵多苦1512-6
A.植株　B.盛花期主花序　C.种子

可收获两季，第1季收获后，需割刈，再生后收获第2季。关于在特定地点能否越冬以及能否实现年年收获，需要进一步实验。

【抗性特征】抗旱，耐瘠薄，抗病性强，抗倒伏，抗虫性较强。

【适应范围与单位面积产量】在能栽培苦荞麦的地方均可栽培。栽培一次，收获后割刈，并中耕施肥，主茎下部和主分枝下部可重新发芽再生，形成第2季。在贵阳栽培，第1季（春季）生育期约90d，产量2 250 ～ 3 300kg/hm²；第2季（秋季）生育期约80d，产量1 500 ～ 2 400kg/hm²。

【用途】粮用，籽粒可作茶原料。

多年生苦荞品系贵多苦1512-40

【品种名称】多年生苦荞品系贵多苦1512-40。

【品种来源、育种方法】贵州师范大学荞麦产业技术研究中心陈庆富将四倍体苦荞（*Fagopyrum tataricum* Gaetn.）与多年生荞麦红心金荞麦（*F. cymosum* complex）进行种间杂交，从其杂交后代，逐代选择不落粒、多年生、结实良好的植株。到F₆代，选产量和株型优良的株系，经种子扩繁育成的自交可育多年生苦荞品系（*Fagopyrum tatari-cymosum* QF Chen N.SP）。

【形态特征及农艺性状】全生育期80～100d。根茎木质，多年生，再生力强；春季或实生苗株高100～165cm，秋季再生苗株高80～100cm；主茎分枝5～7个，主茎节数9～12节；花白色，花朵大于苦荞，但小于大野荞和甜荞，短花柱短雄蕊型自交可育；籽粒暗灰黄色短圆，类似于大野荞，沟槽不明显，籽粒比苦荞大，比大野荞略小或相差不大，籽粒苦味明显，落粒性不强，单株粒数235个，单株粒重15.2g，千粒重35.3g，公顷产量1 800～3 000kg。一次播种一年可收获两季，第1季收获后，需割刈，再生后收获第2季。关于在特定地点能否越冬以及能否实现年年收获，需要进一步实验。

【抗性特征】抗旱，耐瘠薄，抗病性强，抗倒伏，抗虫性较强。

【适应范围与单位面积产量】在能栽培苦荞麦的地方均可栽培。栽培一次，收获后割刈，并中耕施肥，主茎下部和主分枝下部可重新发芽再生，形成第2季。在贵阳栽培，第1季（春季）生育期约90d，产量2 250～3 000kg/hm²；第2季（秋季）生育期约80d，产量1 500～2 250kg/hm²。

【用途】粮用，籽粒可作茶原料。

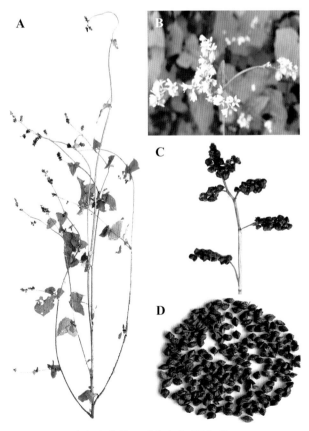

多年生苦荞品系贵多苦1512-40
A.植株 B.盛花期主花序 C.成熟期主果枝 D.种子

主要参考文献

边巴卓玛，2014．西藏引种荞麦品种主要农艺性状与产量的相关和通径分析 [J]．西藏农业科技，36（2）：30-38．

曹永生，方沩，2010．国家农作物种质资源平台的建立和应用 [J]．生物多样性，18（5）：454-460．

常克勤，马均伊，杜燕萍，等，2006．甜荞新品种宁荞1号的特征特性及高产栽培技术 [J]．作物杂志（6）：62-63．

常克勤，马均伊，杜燕萍，等，2007．苦荞新品种宁荞2号特征特性及高产栽培技术 [J]．陕西农业科学（1）：166，183．

常庆涛，高立荣，刘荣甫，等，2015．江苏省春荞麦品种选择及高产栽培技术 [J]．安徽农业科学，43（10）：46-47，50．

常庆涛，刘荣甫，陈学荣，等，2014．江苏省荞麦优良品种及综合配套栽培技术 [J]．农业科技通讯（2）：131-134．

常庆涛，王书勤，王建如，等，2002．甜荞新品种平荞2号的引进与推广 [J]．安徽农业科学，30（3）：384-386，390．

陈鹏，李玉红，刘春梅，等，2003．荞麦芽菜营养成分分析评价 [J]．园艺学报，30（6）：739-741．

陈鹏，李玉红，刘香利，等，2000．荞麦芽菜蛋白质营养的评价研究 [J]．西北农业大学学报（5）：84-87．

陈庆富，2012．荞麦属植物科学 [M]．北京：科学出版社．

陈稳良，赵雪英，李秀莲，等，2009．苦荞产量与主要性状的灰色关联度评价 [J]．山西农业科学，37（10）：23-25．

程国尧，杨远平，毛春，等，2009．苦荞黔苦4号春播高产综合栽培技术研究 [J]．种子，28（1）：117-119．

程树萍，2012．苦荞引种试验报告 [J]．中国科技信息（21）：68．

程树萍，2014．甜荞引种试验研究 [J]．农业开发与装备（6）：79．

崔天鸣，付雪娇，陈振武，等，2008．苦荞品种在辽宁省引种试验研究 [J]．杂粮作物，28（3）：188-189．

邓蓉，陈莹，陈燕萍，等，2014．黔金荞麦1号牧草生产技术规范 [J]．江苏农业科学，42（8）：204-205，312．

董永利，2000．荞麦籽粒蛋白质营养评价研究 [J]．陕西农业科学（自然科学版）（7）：6-7，12．

杜燕萍，常克勤，王敏，等，2008．甜荞引种试验初报 [J]．甘肃农业科技（5）：21-23．

段志龙，王常军，2012．陕北荞麦研究 [M]．北京：中国农业科学技术出版社．

樊冬丽，2003．山西省荞麦品种资源的遗传多样性研究 [D]．太谷：山西农业大学．

符美兰，李秀莲，2009．高产专用型甜荞新品种晋荞麦3号的选育 [J]．大麦与谷类科学（3）：58-59．

高冬丽，高金锋，党根友，等，2008．荞麦籽粒蛋白质组分特性研究 [J]．华北农学报（2）：68-71．

高冬丽，2008．荞麦类黄酮、蛋白的积累特点及氮磷配比的调控效应研究 [D]．杨凌：西北农林科技大学．

郭彬，韩渊怀，黄可盛，等，2013．HPLC法测定30个荞麦品种芦丁含量的研究 [J]．山西农业科学，41（1）：26-29，42．

郭志利，孙常青，2007．北方旱地荞麦抗倒栽培技术研究［J］．杂粮作物，27（5）：364-366．

韩承华，黄凯丰，2011．荞麦基因型间的耐铝性研究［J］．安徽农业科学，39（5）：2608-2610．

韩立军，于万利，崔文祥，等，1997．荞麦品种"吉荞10号"选育报告［J］．吉林农业大学学报，19（3）：38-41．

韩美善，韩启亮，王素平，等，2010．晋西北荞麦引种试验及应用评价［J］．山西农业科学，38（2）：60-63．

何永艳，2008．荞麦乙醇提取物的抗氧化活性研究［D］．杨凌：西北农林科技大学．

胡靳缤，姚瑛瑛，李艳琴，等，2013．荞麦植株各部位总黄酮含量的测定与比较［J］．食品与药品，15（6）：394-396．

黄凯丰，时政，韩承华，等，2011a．不同产地苦荞籽粒中总黄酮含量比较［J］．河南农业科学，40（9）：38-40．

黄凯丰，时政，韩承华，等，2011b．苦荞种子中蛋白质含量变异［J］．安徽农业科学，39（14）：8299-8301．

黄凯丰，宋毓雪，2011．不同甜荞资源的营养保健成分研究［J］．安徽农业科学，39（8）：4772-4773，4775．

黄小燕，陈庆富，田娟，等，2010．苦荞种子中硒元素含量变异［J］．安徽农业科学，38（10）：5021-5024，5027．

黄艳菲，彭镰心，丁玲，等，2012．荞麦和商品苦荞茶中芦丁含量的测定［J］．现代食品科技，28（9）：1219-1222．

黄元射，李明，孙富年，等，2008．苦荞品种在重庆低海拔地区的主要经济性状表现［J］．种子，27（4）：66-68．

贾瑞玲，成小刚，刘杰英，等，2011．苦荞品种比较试验初报［J］．甘肃农业科技（2）：23-24．

贾瑞玲，魏丽萍，马宁，2014．甜荞品种比较试验初报［J］．甘肃农业科技（1）：25-26．

姜占业，尚朝花，2007．山旱地甜荞新品种榆荞1号高产栽培技术［J］．农业科技通讯（8）：40．

金敬献，郭群，谢成，等，2012．荞麦新品种"晋荞麦6号"通过审定［J］．农村百事通（10）：13．

李昌远，李长亮，魏世杰，等，2013．云南苦荞品种资源综合评价［J］．现代农业科技（24）：71，78．

李春花，王艳青，卢文洁，等，2015a．种植密度对"云荞1号"产量及相关性状的影响［J］．中国农学通报，31（9）：128-131．

李春花，王艳青，卢文洁，等，2015b．播期对苦荞品种主要农艺性状及产量的影响［J］．中国农学通报，31（18）：92-95．

李殿申，孙玉书，王春生，等，1995．苦荞引种试验的初步研究［J］．吉林农业大学学报，S1：10-13．

李发良，曹吉祥，苏丽萍，等，2001．苦荞新品种——川荞1号［J］．四川农业科技（3）：14．

李发良，曹吉祥，苏丽萍，等，2003．苦荞新品种——川荞2号［J］．四川农业科技（11）：16．

李光，余霜，周永红，等，2013．金荞麦和甜荞植物叶抗氧化活性物质分析［J］．广东农业科学（7）：7-11．

李红宁，王玉珠，张萍，等，2007．六种栽培甜荞麦黄酮类化合物含量的比较［J］．湖北农业科学，46（5）：831-832．

李生望，1998．荞麦新品种——吉荞9号和10号［J］．农村科学实验（5）：7．

李晓宇，2014．甜荞品种比较试验［J］．农业科技与信息（8）：30-31，33．

李秀莲，林汝法，乔爱花，1997．苦荞主要性状的相关及通径分析［J］．国外农学-杂粮作物（2）：26-28．

李秀莲，史兴海，高伟，等，2011a．高硒荞麦品种资源的筛选［J］．辽宁农业科学（1）：67-69．

李秀莲，史兴海，朱慧珺，等，2011b．国鉴苦荞新品种晋荞麦2号的选育及栽培技术［J］．种子世界（6）：52．

李秀莲，史兴海，朱慧珺，等，2011c．国鉴苦荞新品种晋荞麦2号的选育及制种技术 [J]．作物杂志 (5)：128-129．

李秀莲，赵雪英，张耀文，等，2001．晋荞麦（苦）2号简介 [J]．作物杂志，1 (3)：46．

李秀莲，赵雪英，张耀文，等，2003．中国栽培荞麦高芦丁品种的筛选 [J]．作物杂志 (6)：42-43．

李艳，谭涛，张建红，等，2011．反相高效液相色谱法测定西荞3号黄酮含量 [J]．绵阳师范学院学报，30 (8)：52-54，66．

李咏，华俊荣，李学文，等，2014．2013年泰兴市荞麦品种比较试验 [J]．现代农业科技 (17)：67-68．

李月，2014．普通荞麦种质资源农艺性状评价和SSR遗传多样性研究 [D]．贵阳：贵州师范大学．

李月，胡文强，贺小平，2013a．不同苦荞品种膳食纤维含量与环境的相关性 [J]．湖北农业科学，52 (22)：5427-5433．

李月，徐长江，吴定环，等，2013b．不同栽培地不同品种甜荞膳食纤维含量变异研究 [J]．广东农业科学(13)：12-17．

廉宇，2014．赤峰市苦荞麦品种比较试验初报 [J]．耕作与栽培 (3)：17，19．

刘航，徐元元，马雨洁，等，2012．不同品种苦荞麦淀粉的主要理化性质 [J]．食品与发酵工业，38 (5)：47-51．

刘杰英，王梅春，陈永军，等，2003．甜荞麦新品种晋甜荞1号引育报告 [J]．甘肃农业科技 (4)：18-19．

刘杰英，王梅春，庞元吉，1997．甜荞麦新品种平荞2号 [J]．作物杂志 (1)：38．

刘明勤，2008．甘肃省荞麦种质资源SSR遗传多样性分析 [D]．兰州：甘肃农业大学．

刘琴，张薇娜，朱媛媛，等，2014．不同产地苦荞籽粒中多酚的组成、分布及抗氧化性比较 [J]．中国农业科学，47 (14)：2840-2852．

刘新龙，马丽，陈学宽，等，2010．云南甘蔗自育品种DNA指纹身份证构建 [J]．作物学报 (2)：202-210．

刘迎春，丁素荣，魏云山，等，2014．甜荞主要农艺性状分析 [J]．种子，33 (10)：97-99．

刘迎春，丁素荣，乌朝鲁门，等，2013a．甜荞品种比较试验初报 [J]．耕作与栽培 (5)：41-42．

刘迎春，丁素荣，周学超，等，2013b．2012年苦荞麦品种比较试验 [J]．现代农业科技 (23)：78-79．

刘拥海，俞乐，肖迪，等，2006．荞麦种子蛋白质组分分析 [J]．种子，25 (12)：31-33．

吕慧卿，郝志萍，穆婷婷，等，2011．晋荞麦（苦）5号新品种选育报告 [J]．山西农业科学，39 (12)：1247-1248，1251．

马大炜，李荫藩，李岩，等，2015．大同地区适宜苦荞品种的筛选研究 [J]．农学学报，5 (7)：24-28．

马俊，阮培均，程国尧，等，2008．黔苦2号苦荞新品种春播高产综合农艺措施研究 [J]．中国农学通报，24 (9)：210-213．

马宁，陈富，贾瑞玲，等，2012．16个荞麦新品种在定西的引种试验初报 [J]．甘肃农业科技 (11)：27-29．

马宁，贾瑞玲，魏立萍，等，2011．优质荞麦新品种定甜荞2号选育报告 [J]．甘肃农业科技 (12)：3-4．

马宁，贾瑞玲，魏立萍，2014．优质甜荞新品种定甜荞3号选育报告 [J]．甘肃农业科技 (10)：5-6．

毛春，蔡飞，张荣华，等，2008．黔黑荞1号在高海拔地区播种期试验研究 [J]．种子，27 (6)：105-106．

毛春，陈庆富，程国尧，等，2012．苦荞新品种黔苦荞6号的选育经过及栽培技术 [J]．现代农业科技 (18)：41-42．

毛春，陈庆富，程国尧，等，2014．甜荞新品种威甜荞1号的选育及栽培技术 [J]．种子，33 (2)：101-103．

毛春，程国尧，蔡飞，等，2006．高海拔地区优质苦荞黔苦2号高产高效农艺措施数学模型研究 [J]．种子，25 (4)：70-72．

毛春，程国尧，蔡飞，等，2010．苦荞新品种黔苦3号的选育及栽培技术［J］．种子，29（7）：111-113．

毛春，程国尧，蔡飞，等，2011．苦荞新品种黔苦荞5号的选育及栽培技术［J］．种子，30（11）：108-110．

毛春，宁选跟，程国尧，等，2005．优质、高产苦荞新品种黔苦2号的选育［J］．种子，24（4）：73-75．

毛春，宁选跟，程国尧，等，2005．高产、优质苦荞新品种黔苦4号的选育［J］．种子，24（5）：82-83．

毛春，宁选跟，李绍辉，等，2004．高产、优质苦荞新品种黔黑荞1号的选育［J］．种子，23（6）：73-74．

穆兰海，赵永红，陈彩锦，等，2012．分期播种对荞麦受精结实率及产量的影响［J］．科技信息（29）：459-460，479．

倪万常，丁汉福，黄卫舟，等，1992．日本北海道荞麦的引种效果及栽培技术简介［J］．宁夏农林科技（4）：53-54．

潘建刚，马利兵，刘忠艳，等，2013．甜荞籽粒总黄酮提取工艺的优化［J］．湖北农业科学，52（2）：412-414，439．

潘建刚，赵秀娟，黄苗苗，等，2012．荞麦壳水不溶性膳食纤维提取工艺的优化［J］．南方农业学报，43（5）：675-678．

潘守举，陈庆富，冯晓英，等，2008．普通荞麦资源的耐铝性研究［J］．广西植物，28（2）：201-205，196．

彭镰心，王姝，胡一冰，等，2012．高效液相色谱法测定苦荞中的β-谷甾醇［J］．西南民族大学学报（自然科学版），38（2）：247-251．

彭镰心，赵钢，王姝，等，2010．不同品种苦荞中黄酮含量的测定［J］．成都大学学报（自然科学版），29（1）：20-21．

秦培友，2012．我国主要荞麦品种资源品质评价及加工处理对荞麦成分和活性的影响［D］．北京：中国农业科学院．

全国农业技术推广服务中心，2009．国家小宗粮豆品种区域试验年度资料汇总（2006—2008）［G］．北京：全国农业技术推广服务中心品种区试处．

全国农业技术推广服务中心，2015a．2015—2017年国家小宗粮豆品种区域试验实施方案［G］．北京：全国农业技术推广服务中心品种区试处．

全国农业技术推广服务中心，2015b．国家小宗粮豆品种区域试验年度资料汇总（2012—2014）［G］．北京：全国农业技术推广服务中心品种区试处．

任顺成，孙军涛，2008．荞麦粉、皮、壳及芽中黄酮类含量分析研究［J］．中国粮油学报（6）：210-214．

戎郁萍，曹喆，赵秀芳，等，2007．美国植物种质资源的收集、保存、利用与评价［J］．草业科学，24（12）：22-25．

阮培均，梅艳，王孝华，等，2008．黔苦4号苦荞秋播高产栽培数学模型研究［J］．作物研究，22（2）：92-94．

尚宏，2011．苦荞在内蒙古呼和浩特地区引种试验研究［D］．呼和浩特：内蒙古农业大学．

邵美红，林兵，孙加焱，等，2011．不同品种苦荞麦不同器官总黄酮含量的比较分析［J］．植物资源与环境学报，20（1）：86-87．

时政，韩承华，黄凯丰，2011a．苦荞种子中淀粉含量的基因型差异研究［J］．新疆农业大学学报，34（2）：107-110．

时政，韩承华，黄凯丰，2011b．苦荞种子中硒含量的基因型差异研究［J］．安徽农业科学，39（16）：9518-9519，9524．

时政，黄凯丰，王莹，等，2011c．贵州省不同生态区荞麦蛋白质、黄酮含量变异研究［J］．江苏农业科学，39（4）：70-72．

时政，宋毓雪，韩承华，等，2011d．苦荞的膳食纤维含量研究 [J]．中国农学通报，27（15）：62-66．

时政，宋毓雪，韩承华，等，2011e．苦荞种子中葡萄糖含量变异研究 [J]．安徽农业科学，39（17）：10254-10255，10274．

宋维际，耿昭全，刘元剑，等，2014．昭苦1号的选育及高产栽培技术 [J]．西南农业学报，27（3）：966-971．

宋毓雪，胡静洁，陈庆富，等，2014．喷施外源激素对苦荞籽粒产量和黄酮含量的影响 [J]．安徽农业大学学报，41（5）：738-742．

宋占平，陈铎，张建发，等，1994．荞麦新品种——平荞2号 [J]．甘肃农业科技（10）：15-16．

孙国娟，李红梅，李善姬，等，2012．荞麦芽的抗氧化作用及醛糖还原酶抑制作用的研究 [J]．食品与机械，28（6）：120-124．

谭玉荣，陶兵兵，关郁芳，等，2012．苦荞类黄酮的研究现状及展望 [J]．食品工业科技，33（18）：377-381．

唐超，张淑艳，王欣欣，等，2014．赤峰市荞麦引种研究初探 [J]．内蒙古农业科技（2）：99-102．

唐宇，赵钢，1999．苦荞麦新品种“西荞1号”的选育及利用 [J]．西昌农业高等专科学校学报，13（2）：6-8．

提布，和朝元，倪建英，2011．优质苦荞新品种——迪苦1号 [J]．云南农业（1）：17．

汪灿，李曼，王诗雪，等，2014．不同播期、播种量和施肥量对甜荞信农1号春播产量及农艺性状的影响 [J]．贵州农业科学，42（3）：52-55．

汪灿，阮仁武，袁晓辉，等，2014．苦荞“酉苦1号”秋播高产栽培数学模型研究 [J]．西南农业学报，27（3）：1018-1023．

王安虎，2010．高产优质苦荞麦新品种西荞3号 [J]．江苏农业科学（1）：131-133．

王安虎，2012．苦荞米荞1号在不同生态环境的性状表型研究 [J]．西南农业学报，25（3）：834-837．

王安虎，蔡光泽，赵钢，等，2010．制米苦荞品种米荞1号及其栽培技术 [J]．种子，29（2）：104-106．

王安虎，夏明忠，蔡光泽，等，2009．高产优质苦荞新品种西荞2号 [J]．种子，28（10）：110-112．

王慧，杨媛，杨明君，等，2013．晋北地区旱作苦荞麦品种筛选 [J]．山西农业科学，41（4）：321-323．

王建宇，穆兰海，马均伊，1997．荞麦新品种美国甜荞 [J]．作物杂志（5）：36．

王健胜，2005．荞麦栽培品种的遗传多样性分析 [D]．杨凌：西北农林科技大学．

王莉花，王艳青，卢文洁，等，2012．云荞1号的选育及高产栽培技术 [J]．山西农业科学，40（8）：829-832．

王收良，王效瑜，呼芸芸，等，2010．宁夏南部山区苦荞引种比较试验 [J]．内蒙古农业科技（3）：35-36．

王小燕，王本孝，范学钧，等，2014．庆阳旱作区杂交荞麦引种及其丰产栽培技术要点 [J]．农业科技与信息（12）：15-17．

王孝华，阮培均，梅艳，等，2008．苦荞黔苦3号秋播高产栽培技术模式研究 [J]．杂粮作物，28（5）：321-324．

王欣欣，卜一，李尽朝，等，2014．播种期对3个甜荞品种产量及主要性状的影响 [J]．作物杂志（2）：110-113．

王学山，杨存祥，2009．宁夏丘陵地区苦荞引种比较试验 [J]．现代农业科技（11）：171-172．

王艳青，王莉花，卢文洁，等，2013．苦荞麦新品种云荞2号的选育及栽培技术 [J]．江苏农业科学，41（9）：103-104．

王永红，白瑞繁，2014．大寨苦荞引种试验研究 [J]．现代农业科技（2）：62-63．

王永亮，2003．国家荞麦品种区域试验鄂尔多斯试点试验结果 [J]．内蒙古农业科技（3）：8-9．

王玉珠,张萍,李红宁,等,2007. 十种栽培苦荞麦生物类黄酮含量的比较研究 [J]. 食品研究与开发,28 (9):121-123.

王仲青,刘安林,任树华,1992. 荞麦新品种茶色黎麻道的选育及利用 [J]. 内蒙古农业科技 (4):22-23.

王祖勇,2006. 富源县荞麦甜荞新品种比较试验 [J]. 种子世界 (7):32-33.

韦爽,万燕,晏林,等,2015. 不同苦荞品种茎秆强度和植株性状的差异及其相关性 [J]. 作物杂志,(2):59-63.

尉杰,陈庆富,郭菊卉,等,2014. 普通荞麦发芽种子的液态发酵荞麦酒工艺研究 [J]. 中国酿造,33 (8):43-46.

魏益民,张国权,1995. 同源四倍体荞麦籽粒品质性状研究 [J]. 中国农业科学,28 (S1):34-40.

文平,2006. 荞麦籽粒芦丁与蛋白质含量的基因型与环境效应研究 [D]. 杭州:浙江大学.

吴页宝,李财厚,漆燕青,1999. 荞麦新品种"九江苦荞"的选育及其栽培技术 [J]. 江西农业科技 (1):15-16.

吴页宝,谢兰英,2009. 荞麦新品种——九江苦荞 [J]. 农村百事通 (12):33,73.

夏清,彭聪,宋超,等,2015. 苦荞发芽过程中游离氨基酸含量的变化 [J]. 西北农林科技大学学报 (自然科学版),43 (3):199-204.

向清华,邓蓉,张定红,等,2015a. 黔金荞麦 1 号区域试验报告 [J]. 种子,34 (7):110-112.

向清华,邓蓉,张定红,等,2015b. 黔金荞麦 1 号不同生态环境栽培表现 [J]. 耕作与栽培 (2):36-37.

谢惠民,1992. 北海道荞麦品种在黄土台塬区秋播填茬的丰产栽培效应分析 [J]. 干旱地区农业研究,10 (3):38-44.

徐芦,2010. 荞麦抗旱指标鉴选与利用 [D]. 杨凌:西北农林科技大学.

徐寿琪,徐伟,田茂花,1991. 北海道荞麦 [J]. 作物杂志 (4):12.

徐笑宇,方正武,杨璞,等,2015. 高黄酮荞麦资源的遗传多样性评价 [J]. 西北农业学报,24 (3):88-95.

闫忠心,2014. 高寒地区苦荞农艺性状及生产性能评价 [J]. 青海畜牧兽医杂志,44 (1):1-3.

杨建辉,1995. 榆荞 1 号荞麦引种推广和栽培技术 [J]. 甘肃气象,13 (4):28-29.

杨明君,郭忠贤,陈有清,2006. 苦荞引种试验 [J]. 内蒙古农业科技 (2):39-40.

杨天育,1994. 四倍体荞麦新品种——榆荞 1 号 [J]. 农业科技与信息 (7):9.

杨小艳,陈惠,邵继荣,等,2007. 川西北荞麦种间亲缘关系初步研究 [J]. 西北植物学报,27 (9):1752-1758.

杨学文,丁素荣,胡陶,等,2013. 104 份苦荞种质的遗传多样性分析 [J]. 作物杂志 (6):13-18.

杨永宏,1994. 荞麦良种区试结果 [J]. 湖南农业科学 (5):48.

杨媛,杨明君,王慧,等,2012. 苦荞麦新品种晋荞 6 号的选育及丰产栽培技术 [J]. 农业科技通讯 (3):128-129.

杨远平,毛春,管仕英,等,2008. 黔苦 3 号苦荞不同播期试验研究 [J]. 杂粮作物,28 (6):382-383.

杨志清,2009. 内蒙古地区主栽的荞麦萌发后营养成分的比较及荞麦芽乳饮料的研制 [D]. 呼和浩特:内蒙古农业大学.

姚俊卿,王仲青,张玉金,1992. 甜荞品种抗旱性研究 [J]. 内蒙古农业科技 (5):2-4.

姚亚平,曹炜,陈卫军,等,2006. 不同品种荞麦提取物抗氧化作用的研究 [J]. 食品科学 (11):49-52.

姚自强,2007. 高产优质的苦荞良种 [J]. 中国农业信息 (8):34.

于万利,王思远,李殿申,等,1992. 甜荞产量性状相关性分析 [J]. 吉林农业大学学报,14 (3):21-24,93.

于万利，王艳秋，卢忠平，1995．荞麦新品种——吉荞10号 [J]．农业科技通讯（6）：36．

张彩霞，2011．榆荞3号荞麦新品种特征特性及高产栽培技术 [J]．农业科学与信息（13）：15-16．

张春明，李秀莲，张耀文，等，2011a．晋荞麦（甜）3号的选育及高产栽培 [J]．山西农业科学，39（4）：316-318．

张春明，张耀文，赵雪英，等，2011b．甜荞品系的产量相关因素分析 [J]．山西农业科学，39（2）：109-112．

张宏志，刘湘元，王振华，等，1998．日本北海道甜荞丰产栽培技术 [J]．内蒙古农业科技（2）：35-36．

张宏志，刘湘元，1995．赤峰地区荞麦籽粒营养成分分析 [J]．内蒙古农业科技（3）：19-20．

张宏志，1993．日本北海道甜荞品种介绍及其栽培技术 [J]．现代农业（3）：23．

张清明，2009．荞麦新品种六苦2号 [J]．农村百事通（6）：31．

张清明，赵卫敏，桂梅，等，2008a．贵州地方苦荞生物类黄酮含量的研究 [J]．种子，27（7）：65-66．

张清明，赵卫敏，桂梅，等，2008b．荞麦新品种六苦2号的选育 [J]．种子，27（5）：103-104．

张清明，赵卫敏，马裕群，等，2013．荞麦新品种六苦3号的选育 [J]．贵州农业科学，41（7）：17-18．

张全斌，2008．苦荞遗传多样性分析 [D]．太原：山西大学．

张晓燕，苏敏，卢宗凡，等，1999．黄土丘陵区荞麦引种试验研究 [J]．西北植物学报，19（5）：67-71．

张亚楠，王赢，陈奇，等，2010．不同品种荞麦耐铝性的FTIR鉴别 [J]．浙江大学学报（农业与生命科学版），36（6）：683-690．

赵钢，唐宇，王安虎，2002a．苦荞新品种西荞1号的选育 [J]．杂粮作物，22（5）：262-264．

赵钢，唐宇，王安虎，等，2002b．苦荞新品种西荞1号及其栽培技术 [J]．作物杂志（5）：25．

赵建东，2002．晋荞麦（甜）1号简介 [J]．作物杂志（3）：40．

赵丽娟，张宗文，2009．用ISSR标记分析甜荞栽培品种的遗传多样性 [J]．安徽农业科学，37（7）：2878-2882．

赵丽娟，2006．荞麦种质资源遗传多样性分析 [D]．北京：中国农业科学院．

赵明勇，金玲，毛春，等，2008．黔苦4号在黔西北高海拔温凉气候区播种期试验研究 [J]．农业科技通讯（12）：74-76．

赵萍，康胜，2014．晋北地区旱作甜荞麦品种筛选 [J]．农业科技通讯（8）：135-137．

郑慧，2007．苦荞麸皮超微粉碎及其粉体特性研究 [D]．杨凌：西北农林科技大学．

郑君君，王敏，柴岩，等，2009．我国荞麦主要品种的粉质性状相关性研究 [J]．食品工业科技（6）：72-75．

钟兴莲，姚自强，杨永宏，等，1996．武陵山区苦荞高产栽培技术研究 [J]．作物研究，10（2）：30-33．

钟兴莲，姚自强，2002．凤凰苦荞的选育及栽培要点 [J]．作物研究，16（1）：31-32．

朱新产，王宝维，魏益民，2000．荞麦种子蛋白组差异研究 [J]．种子（6）：9-10，14．

朱媛媛，2013．苦荞和甜荞多酚的组成、分布及抗氧化性比较研究 [D]．南京：南京财经大学．

附　录

一、甜荞SSR核心引物信息

甜荞SSR引物信息

引物编号	重复单元	F-primer	R-primer	理论扩增长度（bp）
SSR_{E13}	（GA）6	GGGTCTGAGAACGAGATGCG	GACCCCCACCCAGACCAAC	172
SSR_{E22}	（A）10	ACTCCCCGATACCTGTACCC	CTGAAGTGGCCGTCACAGAT	147
SSR_{E33}	（TCT）5	CGGGAGGCCAGTGTAAAAGT	TTCCTCCATTGAAGCACCACT	222
SSR_{E34}	（T）11	ACAAGCAACTCCACAAGTGC	GGCTTATGCACCCTACCCAA	250

注1：SSR指纹图谱按核心标记及条带大小依次排列为：SSR_{E22}（467bp，447bp，407bp，397bp，367bp，357bp，347bp，337bp，242bp，237bp，227bp，217bp，182bp，177bp，172bp，167bp，162bp，152bp，147bp）；SSR_{E33}（477bp，462bp，443bp，417bp，393bp，387bp，381bp，375bp，372bp，257bp，282bp，273bp，267bp，261bp，225bp，222bp，205bp）；SSR_{E13}（264bp，262bp，256bp，244bp，208bp，196bp，184bp，180bp，176bp，172bp）；SSR_{E34}（393bp，371bp，349bp，327bp，305bp，294bp，283bp，272bp，261bp，250bp）。

注2：SSR指纹图谱由两部分构成：

（1）二进制指纹，直接由核心引物（顺序为：SSR_{E22}、SSR_{E33}、SSR_{E13}、SSR_{E34}）扩增带型转换而成的数据矩阵，与该品种的SSR谱带逐一对应；

（2）十进制指纹，由二进制指纹码直接转换而成，便于人工识别。以丰甜荞1号SSR指纹为例，说明引物的排列顺序及指纹构成。

二进制指纹码	十进制指纹码
0000001001000000001000001000111100100000000001000000001	(633458537792517)

（SSR_{E22}　SSR_{E33}　SSR_{E13}　SSR_{E34}）

注3：PCR反应条件及结果检测方法如下：

（1）PCR反应体系

DNA模板	100 ng（视浓度确定加入量）
F-primer（100mg/μL）	0.5μL
R-primer（100mg/μL）	0.5μL
2×PCRmix	5.0μL
dd H_2O	定容至10.0μL

（2）PCR反应程序

Step 1：	94℃×4min
Step 2：	94℃×1min
Step 3：	（Tm±5）℃×1min（根据各引物合成的理论Tm进行筛选）
Step 4：	72℃×1min

Repeat step 2 to step 4 for 35cycles

Step 5：	72℃×10min
Setp 6：	4℃ forever

（3）PCR产物检测：6%的PAGE（尿素变性），银染，人工读带。

二、苦荞SSR核心引物信息

苦荞SSR引物信息

引物编号	重复单元	F-primer	R-primer	理论扩增长度 (bp)
SSR$_{T1}$	(TCA) 5	ATCCGAAACCGCCTCCTTAC	GGGGTTTTGGTGCAGGTACT	234
SSR$_{T2}$	(CT) 8	TCGGGGCCACAAGTCAATAC	TCTGGATAAGGGTTGGGGGT	136
SSR$_{T8}$	(CAC) 5	GATCACGGTCACCATCACGA	CAAGAGCGAGCATCCCAGAG	261
SSR$_{T25}$	(A) 11	GCTAGTGAGGCAGCTGAGAA	TCTGCACGGACTAGTGAAGC	209
SSR$_{T26}$	(AT) 6	GTGAGTCGGAAACCGTAGCA	ACCCTATCGCAGGAAAGCAA	102
SSR$_{T30}$	(GA) 6	ACCTGCAAAGCAACCTAGTGA	GCCCCAATCGAAGTTTCACC	200
SSR$_{T33}$	(AT) 7	CTTGCCCAGAGCCAAGGTAT	AGCAAAACCTATGCTTTTACTGC	168
SSR$_{T35}$	(AGA) 5	TTGATGGACACTAGGCAAGGT	GTGAGGAGCAATTGGCGTTT	170
SSR$_{T36}$	(TA) 6	TTTTCCACCTCAGAGGGCAG	TTGCACATTGTCGTTTCCCA	180
SSR$_{T38}$	(CCA) 5	ATGAGTGCACCACATCCACC	ATTGCAGCATTAGGAGGCGG	131
SSR$_{T39}$	(CT) 8	GGCCTCCTTGAACAGCTAGA	GCAGTGACCGAAGTGCAGAT	109
SSR$_{T40}$	(CT) 6	AAGACAGTGGTGGTAGTGGC	TAGAGGAAAGTAGTGCGGCG	136
SSR$_{T52}$	(T) 10	GAGGATTGGCTGTCTGCTCT	TCAGCTCAATGCAAACCTCC	122
SSR$_{T56}$	(TCT) 5	TGAGCGGCAATGCATCTGTA	AGGAGAGAGCGCGAAAAACA	166

注1：SSR指纹图谱按核心标记及条带大小依次排列为：SSR$_{T1}$（410bp，345bp，250bp，230bp，140bp，130bp）；SSR$_{T2}$（300bp，298bp，162bp，160bp，151bp，145bp）；SSR$_{T25}$（230bp，210bp，157bp，155bp）；SSR$_{T26}$（105bp，102bp，98bp）；SSR$_{T33}$（265bp，200bp，170bp，168bp）；SSR$_{T30}$（400bp，260bp，198bp，195bp）；SSR$_{T35}$（400bp，360bp，170bp，160bp）；SSR$_{T36}$（215bp，212bp，210bp，205bp，195bp，180bp，170bp）；SSR$_{T38}$（250bp，200bp，190bp，160bp，142bp，140bp，130bp）；SSR$_{T39}$（124bp，122bp，120bp，112bp，110bp，109bp）；SSR$_{T40}$（160bp，155bp，145bp，140bp）；SSR$_{T8}$（198bp，195bp，157bp，155bp）；SSR$_{T56}$（240bp，230bp，198bp，180bp）。

注2：SSR指纹图谱由两部分构成：

（1）二进制指纹，直接由核心引物（顺序为：SSR$_{T1}$、SSR$_{T2}$、SSR$_{T25}$、SSR$_{T26}$、SSR$_{T33}$、SSR$_{T30}$、SSR$_{T35}$、SSR$_{T36}$、SSR$_{T38}$、SSR$_{T39}$、SSR$_{T40}$、SSR$_{T8}$、SSR$_{T56}$）扩增带型转换成的数据矩阵，与该品种的SSR谱带逐一对应；

（2）十进制指纹，由二进制指纹码直接转换而成，便于人工识别。以川荞1号SSR指纹为例，说明引物的排列顺序及指纹构成。

二进制指纹码	十进制指纹码

11100000111001100100110110001011001001000000101101000010101010110 （8102862910097408686）

SSR$_{T1}$　SSR$_{T2}$　SSR$_{T25}$　SSR$_{T26}$　SSR$_{T33}$　SSR$_{T30}$　SSR$_{T35}$　SSR$_{T36}$　SSR$_{T38}$　SSR$_{T39}$　SSR$_{T40}$　SSR$_{T8}$　SSR$_{T56}$

注3：PCR反应条件及结果检测方法参考陈庆富（2012）、李月（2014）、刘明勤（2008）。

三、甜荞SSR鉴定结果矩阵

甜荞SSR鉴定结果

条带信息＼品种　　核心引物	丰甜一号	六荞号	威甜荞一号	北海道	北早生	黎麻道	赤甜一号	定甜荞一号	定甜荞2号	固引1号	吉荞10号	晋荞3号	美国甜荞	蒙-87	宁荞1号	平荞2号	日本大粒荞	信农1号	榆荞1号	榆荞2号	榆荞3号	榆荞4号	库伦小三棱	奇台荞麦
SSR E22-467																								
SSR E22-447						1	1					1		1			1	1	1	1	1			
SSR E22-407						1	1					1		1			1	1	1	1				
SSR E22-397						1												1						
SSR E22-367		1			1		1	1	1		1							1				1	1	1
SSR E22-357																								
SSR E22-347	1	1	1	1	1	1	1	1	1	1	1	1	1	1	1	1	1	1	1	1	1	1	1	1
SSR E22-337																								
SSR E22-242																								
SSR E22-237	1				1	1			1	1	1	1	1	1			1	1				1		
SSR E22-227																								
SSR E22-217						1	1							1	1									
SSR E22-182																								
SSR E22-177																								
SSR E22-172						1	1							1	1			1	1					
SSR E22-167		1	1		1	1	1				1	1	1	1	1	1			1		1	1	1	1
SSR E22-162																								
SSR E22-152																								
SSR E22-147	1	1	1	1	1	1	1	1	1	1	1	1	1	1	1	1	1	1	1	1	1	1	1	1
SSR E33-477											1	1												
SSR E33-462		1									1	1												
SSR E33-443											1	1										1	1	
SSR E33-417											1	1												
SSR E33-393																								
SSR E33-387	1	1		1	1	1	1	1	1	1	1		1		1	1		1	1		1	1	1	
SSR E33-381											1													
SSR E33-375											1													
SSR E33-372																								
SSR E33-257	1	1	1	1	1	1	1	1	1		1	1	1	1	1	1	1	1	1	1	1	1	1	1
SSR E33-282	1	1	1	1	1	1	1	1	1	1	1	1	1	1	1	1	1	1	1	1	1	1	1	1
SSR E33-273	1		1	1	1						1				1		1			1				
SSR E33-267	1	1	1	1	1	1	1	1	1	1	1	1	1	1	1	1	1	1	1	1	1	1	1	1
SSR E33-261																								
SSR E33-225																								
SSR E33-222																								
SSR E33-205																								
SSR E13-264											1						1							
SSR E13-262			1	1	1	1			1		1			1	1		1		1	1				1
SSR E13-256																								
SSR E13-244																								
SSR E13-208				1		1	1							1	1					1				
SSR E13-196											1													
SSR E13-184											1						1	1	1		1			
SSR E13-180				1		1	1			1	1		1											
SSR E13-176		1	1	1							1													
SSR E13-172	1	1	1	1	1	1	1	1			1		1										1	1
SSR E34-393											1		1											
SSR E34-371											1		1											
SSR E34-349				1				1	1									1			1			
SSR E34-327					1			1	1	1											1			
SSR E34-305				1	1									1				1			1			
SSR E34-294				1					1								1				1			1
SSR E34-283				1	1																			
SSR E34-272	1	1		1		1	1	1	1	1	1		1		1		1		1	1	1	1		1
SSR E34-261								1	1					1										
SSR E34-250	1	1	1	1	1	1	1	1	1	1	1	1	1	1	1	1	1	1	1	1	1	1	1	1

四、苦荞SSR鉴定结果矩阵

苦荞SSR鉴定结果图

条带信息 品种 / 核心引物	川荞1号	川荞2号	川荞3号	川荞4号	川荞5号	迪苦1号	凤凰苦荞	九江苦荞	六苦2号	六苦3号	六苦4号	米荞1号	黔黑荞1号	黔苦2号	黔苦3号	黔苦4号	黔苦荞5号	黔苦荞6号	西荞1号	西荞2号	西荞3号
SSR T1-410	1	1	1	1	1	1	1	1	1	1	1	1	1	1	1	1	1	1	1	1	
SSR T1-345	1	1	1	1	1	1	1	1	1	1	1		1	1	1	1	1	1	1	1	
SSR T1-250	1	1	1	1	1	1	1	1	1	1	1		1	1	1	1	1	1	1	1	
SSR T1-230												1									
SSR T1-140		1			1	1						1					1				
SSR T1-130												1									
SSR T2-300							1			1											
SSR T2-298							1			1											
SSR T2-162	1	1	1	1	1	1	1		1		1		1	1	1	1	1		1		1
SSR T2-160	1	1	1	1	1	1	1		1		1		1	1	1	1	1		1		1
SSR T2-151	1		1	1	1	1			1		1		1	1	1	1	1		1		1
SSR T2-145							1		1											1	
SSR T25-230																					
SSR T25-210	1	1	1	1	1	1			1	1	1		1	1	1	1	1	1	1	1	1
SSR T25-157	1	1	1	1	1	1			1	1	1		1	1	1	1	1	1	1		1
SSR T25-155							1	1												1	
SSR T26-105		1	1			1											1				
SSR T26-102	1		1	1	1	1	1		1	1	1		1	1	1	1		1	1	1	1
SSR T26-98		1																			
SSR T33-265		1	1		1	1		1	1	1	1		1	1	1		1		1		1
SSR T33-200	1			1	1			1	1	1	1			1	1		1		1		1
SSR T33-170	1	1	1	1	1	1		1	1	1	1		1	1	1		1		1		1
SSR T33-168			1				1		1	1				1		1				1	
SSR T30-400	1		1	1	1		1	1	1	1	1			1	1	1					
SSR T30-260	1			1	1		1	1	1	1	1			1	1	1			1	1	
SSR T30-198	1	1	1	1	1	1	1	1	1	1	1		1	1	1	1	1	1	1	1	1
SSR T30-195																					
SSR T35-400		1	1			1		1		1			1	1			1		1		
SSR T35-360		1	1			1		1		1			1	1			1		1		
SSR T35-170	1	1	1	1	1	1	1	1	1		1		1	1	1	1			1	1	
SSR T35-160			1					1		1							1				
SSR T36-215	1	1	1	1	1	1		1	1	1	1		1	1	1	1	1	1	1		1
SSR T36-212	1	1	1	1	1	1		1	1	1	1		1	1	1	1	1	1	1		1
SSR T36-210							1													1	
SSR T36-205							1													1	
SSR T36-195	1													1	1						
SSR T36-180	1	1	1	1	1	1		1	1	1	1		1	1	1	1	1	1	1		1
SSR T36-170							1							1						1	

条带信息 品种 / 核心引物	云荞1号	云荞2号	昭苦1号	昭苦2号	甘荞1号	黑丰1号	晋荞麦(苦)2号	晋荞麦(苦)4号	晋荞麦(苦)5号	晋荞麦(苦)6号	宁荞2号	西农9909	西农9920	榆6-21	大安本地荞	额角瓦齿	额拉	冷饭团	塘湾苦荞	西藏山南苦荞	敖汉苦荞
SSR T1-410		1	1	1	1	1	1	1	1	1	1	1		1	1	1	1	1	1	1	1
SSR T1-345		1	1	1	1	1	1	1	1	1	1	1		1	1	1	1	1	1	1	1
SSR T1-250		1	1	1	1	1	1	1	1	1	1	1	1	1	1	1	1	1	1	1	1
SSR T1-230													1								
SSR T1-140							1	1													
SSR T1-130																					
SSR T2-300							1			1		1		1	1			1	1		
SSR T2-298							1			1		1		1	1			1	1		
SSR T2-162	1	1	1	1		1		1	1		1		1						1	1	1
SSR T2-160	1	1	1	1		1		1	1		1		1						1	1	1
SSR T2-151	1	1	1	1		1		1	1		1		1						1	1	1
SSR T2-145					1		1			1		1		1	1		1	1	1		
SSR T25-230																	1				
SSR T25-210	1	1	1	1	1	1	1	1	1		1	1	1	1	1	1	1	1	1	1	1
SSR T25-157	1	1	1	1	1	1	1	1	1	1	1	1	1	1	1	1	1	1	1	1	1
SSR T25-155																					
SSR T26-105					1		1							1	1						
SSR T26-102	1	1	1	1		1	1	1	1	1	1	1	1	1	1	1		1		1	1
SSR T26-98			1																		
SSR T33-265	1	1	1	1	1			1			1	1	1	1	1	1	1		1	1	1
SSR T33-200	1	1	1	1	1			1		1	1	1	1	1	1	1	1	1	1	1	1
SSR T33-170	1	1	1	1	1			1		1	1	1	1	1	1	1	1	1	1	1	1
SSR T33-168					1	1	1		1							1					
SSR T30-400			1		1		1			1				1	1	1	1	1	1		1
SSR T30-260		1	1		1					1			1		1	1		1	1		1
SSR T30-198	1	1	1	1	1	1	1		1	1	1	1	1	1	1	1	1	1	1	1	1
SSR T30-195																					
SSR T35-400				1	1		1			1						1			1		
SSR T35-360				1	1		1			1						1			1		
SSR T35-170	1	1		1	1	1	1			1				1	1	1		1		1	
SSR T35-160			1		1											1	1		1	1	1
SSR T36-215	1	1	1	1	1	1		1	1	1	1	1	1	1	1	1	1	1	1	1	1
SSR T36-212	1	1	1	1	1	1		1	1	1	1	1	1	1	1	1	1	1	1	1	1
SSR T36-210							1														
SSR T36-205							1														
SSR T36-195											1							1			
SSR T36-180	1	1	1	1	1	1		1	1	1	1	1	1	1	1	1	1	1	1	1	1
SSR T36-170							1														

苦荞SSR鉴定结果图（续）

核心引物	川荞1号	川荞2号	川荞3号	川荞4号	川荞5号	迪苦1号	凤凰苦荞	九江苦荞	六苦2号	六苦3号	六苦4号	米荞1号	黔黑荞1号	黔苦2号	黔苦3号	黔苦4号	黔苦荞5号	黔苦荞6号	西荞1号	西荞2号	西荞3号	云荞1号	云荞2号	昭苦1号	昭苦2号	甘荞1号	黑丰1号	晋荞麦(苦)2号	晋荞麦(苦)4号	晋荞麦(苦)5号	晋荞麦(苦)6号	宁荞2号	西农9909	西农9920	榆6-21	大安本地荞	额角瓦齿	额拉	冷饭团	塘湾苦荞	西藏山南苦荞	敖汉苦荞
SSR T38-250			1			1							1										1					1								1						
SSR T38-200			1			1							1															1														
SSR T38-190			1			1																						1														
SSR T38-160												1																														
SSR T38-142	1		1	1	1	1	1	1	1	1	1		1	1	1				1	1		1	1	1	1	1	1		1		1		1	1	1		1	1	1	1	1	1
SSR T38-140																1		1			1																					1
SSR T38-130																																										
SSR T39-124	1	1			1		1	1	1	1		1	1	1	1	1					1		1	1	1	1		1	1	1	1	1	1	1	1	1	1	1	1	1	1	
SSR T39-122	1		1	1			1	1	1	1			1	1	1	1							1					1	1		1											
SSR T39-120					1	1																																				
SSR T39-112							1	1															1					1			1								1			
SSR T39-110			1					1	1		1																															
SSR T39-109												1																														
SSR T40-160					1					1			1	1			1					1		1		1			1			1		1	1	1			1	1		
SSR T40-155				1		1				1			1	1			1					1		1		1			1			1		1	1	1			1	1		
SSR T40-145	1		1	1		1																																				
SSR T40-140																																										
SSR T8-198	1												1																					1								
SSR T8-195		1																																								
SSR T8-157	1		1		1	1	1			1	1		1	1																												
SSR T8-155												1																														
SSR T56-240	1				1		1																					1						1								
SSR T56-230	1			1	1	1	1	1	1	1	1		1	1			1	1		1	1		1		1	1		1	1		1			1	1	1			1	1		1
SSR T56-198									1					1																												
SSR T56-180																																										

【注】矩阵构建方法参考刘新龙等（2010）。

五、荞麦品种区域试验调查记载项目及标准

（1）物候期

播种期：播种的日期，以月/日表示（下同）。

出苗期：50%以上出苗的日期。

分枝期：50%以上植株出现第一次分枝的日期。

现蕾期：50%以上植株出现花蕾的日期。

开花期：50%以上植株第一朵花开的日期。

成熟期：70%以上的籽粒变硬、呈现本品种特征的日期。

全生育期：从出苗到成熟的天数，以天（d）表示。

（2）植物学特征

叶片颜色：分为深绿、绿、浅绿三种。

株型：松散、紧凑。

花色：白、粉白、粉红、红、绿。

粒色：黑、褐、棕、灰色等；异色率。

粒形：长棱锥、短棱锥、桃形、不规则形等；异形率，一致性。

（3）生物学特征

抗旱性：强、中、弱。

抗倒伏性：强、中、弱（注明茎倒、根倒）。根据倾倒角度、面积。

落粒性：轻、中、重。

抗病性：无、轻、中、重（记载病害名、发生时间、调查发病株数和指数）。

（4）经济性状

基本苗：分枝期调查小区苗数。

株高：主茎基部到顶端的长度，以cm表示。

公顷株数：收获前或收获时调查小区株数，折合成公顷株数，以万/hm^{2}表示。

分枝数：开花期调查，调查主茎一级分枝数，每小区10株。

主茎节数：主茎基部到顶端节间数目。

株粒重：小区产量除以基本株数。

千粒重：1 000粒种子重量，重复2次，误差不超过5%，以g表示。

小区产量：小区种子重量，以kg表示。

折公顷产量：以kg/hm^{2}表示。

顶三枝种子数：主花序最顶端的3个花枝种子总数，以粒计。反映品种的结实情况及生长后期对逆境的耐受力。

果壳率（%）：计算公式为：果壳率 $= \dfrac{荞麦的果壳重量}{荞麦种子重量} \times 100\%$，该参数反映荞麦种子果壳厚度、大小及重量。

千粒米重：1 000粒种子去壳后的重量，重复2次，误差不超过5%，以g表示。反映荞麦去壳后米粒的大小及重量。

出粉率（%）：计算公式为：出粉率 = $\dfrac{制粉重量}{籽粒重量} \times 100\%$，反映荞麦籽粒的加工特性。

（5）综合评价

中期评价：分枝开花期进行，对参试品种的抗旱性、长势、整齐度、花期集中程度、花色的一致性进行综合评价，并在中期检查报告中予以说明。

成熟期评价：成熟期进行，对参试品种的熟性、抗旱性、抗病性、生长势、结实率、粒形整齐度、落粒性等进行评价；与对照品种或与当地主推品种相比，提出推广意见，在年度总结报告中予以说明。

（6）管理记载

生态区域基本情况：试验点的海拔、平均气温、年均降水量，以及前作、土壤基本情况。

种子准备：种子准备和处理方法等。

整地与土壤墒情：施肥水平、种类，整地措施，土壤处理方法，土壤墒情等。

播种时间：记载播种期。

播种技术与方法：如垄作、平作、覆膜播种、人工开沟播种、机械播种等。

间苗、定苗：时间、留苗数。

其他管理措施：其他田间管理措施，如病虫害防治等。

注：上述记载项目及标准参考《2015—2017年国家小宗粮豆品种区域试验实施方案》（全国农业技术推广服务中心，2015a）。

六、国内外荞麦研究的主要数据库资源及学术机构简介

1. 国家作物种质资源数据库（National Crop Germplasm Resources Database，NCGRDB）

网址：http://www.cgris.net/query/croplist.php

简介：该数据库由中国农业科学院作物科学研究所国家作物种质信息中心负责建设和维护，其荞麦子库（http://www.cgris.net/query/do.php#粮食作物，荞麦）目前已收集各类荞麦品种（系）共计427份。该数据库提供荞麦种质资源重要农艺性状及相关信息的查询服务，具体包括库编号、统一编号、品种名称、译名、科名、属名、学名、种子来源地、保存单位、单位编号株型、茎色、叶色、花色籽粒颜色、籽料形状、腹沟、棱翅、株高、主茎节数、主茎分枝数、生育日数、落粒性、倒伏性、单株粒重、千粒重、谷壳率、蛋白质含量、脂肪含量、18种必需氨基酸含量、微量元素（铜、锌、铁、锰、钙、磷、硒）含量、维生素（维生素E、维生素PP）含量、来源省份、材料类型等，其查询界面如附图1所示。为了促进荞麦种质资源的保护、共享和利用，该数据库同时提供种质资源的获取服务。

2. 美国国家植物种质资源系统（National Plant Germplasm System，NPGS）

网址：http://www.ars-grin.gov/npgs/

简介：美国国家植物种质资源系统（NPGS）是美国农业部农业研究局制定的种质资源信息网络（The Germplasm Resources Information Network，GRIN）研究计划中的一部分，迄今，该数据库已收集荞麦种质信息200份，其查询系统提供多种检索途径，包括文本检索、基本查询及高级查询服务（查询界面如附图2所示），获得的记录信息主要包括：库存信息、收集信息、分发及来源，该数据库同时提供种质资源的获取服务（戎郁萍等，2007）。

种质数据查询 Germplasm Data Query

显示查询窗口　显示结果窗口　　荞麦种质资源查询|打印|意见反馈表|种质获取

库编号		统一编号		品种名称	
译名		科名	请选择...	属名	请选择...
学名	请选择...	种子来源地		保存单位	
单位编号		株型	请选择...	茎色	请选择...
叶色	请选择...	花色	请选择...	籽粒颜色	请选择...
籽粒形状	请选择...	腹沟	请选择...	棱翅	请选择...
株高	=	主茎节数	=	主茎分枝数	=
生育日数	=	落粒性	请选择...	倒伏性	请选择...
单株粒重	=	千粒重	=	谷壳率	=
蛋白质	=	脂肪	=	天冬氨酸	=
苏氨酸	=	丝氨酸	=	谷氨酸	=
甘氨酸	=	丙氨酸	=	胱氨酸	=
缬氨酸	=	蛋氨酸	=	异亮氨酸	=
亮氨酸	=	酪氨酸	=	苯丙氨酸	=
赖氨酸	=	组氨酸	=	精氨酸	=
脯氨酸	=	色氨酸	=	总和	=
铜	=	锌	=	铁	=
锰	=	钙	=	磷	=
硒	=	维生素E	=	维生素PP	=
省	请选择...	类型	请选择...	样品类型	请选择...

选择显示字段 (若不选择则默认显示全部字段)

查询

附图1　荞麦种质资源查询系统

Search

Enter Keywords　[Go]

○ Advanced Search

Browse By Subject

▶ Home
　° Collections
　● Search GRIN
　° Request Germplasm
　° pcGRIN
　° Crop Germplasm Committees
　° Repository Home Pages
　° FAQ
　° Links
▶ About Us
▶ Research
▶ Products & Services
▶ People & Places
▶ News & Events
▶ Partnering
▶ Careers

National Plant Germplasm System

Accession Area Queries

There are more than 500,000 accessions (distinct varieties of plants) in the GRIN database. These accessions represent more than 10,000 species of plants. See the Helps and Hints page if you are having trouble getting your results.

Text search query

Standard text search engine query of all the fields of the accession.

☐ Include historical and unavailable accessions in the text query search.

[Submit Text Query]

Simple queries

Use this option for a quick look-up of a cultivar name, PI number, collector number or other identifier. Append the '*' character for a wildcard search (e.g. Red* for all cultivars beginning with Red). You can also add a genus name to your wildcard searches to further refine the results (e.g. Red* ::triticum)

Accession identifier:

☐ Include historical and unavailable accessions in the simple query search.

[Submit Simple Query]

Advanced queries

Use this option to restrict the query by more than one criterion.

Accession identifier(s):

Individual PI identifier or range of identifiers:
　PI [　　] to PI [　　]　(e.g., 500000 to 500010)
Non-PI identifier or range of identifiers:
　A1
　A2
　AD4
　AD5
　AG　　[　　] to [　　]　(e.g., NSGC 4000 to 4015)

附图2　GRIN系统查询界面

3. 农业植物品种名称检索系统

访问网址：http://202.127.42.178:4000/

简介：该查询系统由农业部种子管理局主办，提供荞麦品种名称、审定（登记）编号、审定（登记）年份、审定（登记）单位、选（引）育单位（人）、品种来源、是否转基因、特征特性、产量表现、适宜种植区域等信息（曹永生、方沩，2010）。迄今，该数据库已收录35个省（自治区、直辖市）或者国家审定荞麦品种信息。该查询系统界面如附图3所示。

附图3　农业植物品种名称检索系统

4. 中国小杂粮（Minor Grain Crops in China）

访问网址：http://www.mgcic.com/

简介：该网站由农业部种植业管理司粮油处主办，提供有关审定荞麦品种信息、国家苦荞品种区域试验总结、荞麦基地建设、荞麦相关专著、荞麦加工与贸易等信息。

5. 贵州师范大学荞麦产业技术研究中心（Research Center of Buckwheat Industry Technology，RCBT）

网址：http://qmcyzx.gznu.edu.cn/

简介：贵州师范大学荞麦产业技术研究中心其前身为贵州师范大学生命科学学院植物遗传育种研究所，该中心致力于荞麦种质资源的收集、整理，荞麦新品种的培育、推广示范及衍生产品的研发。

索　引